写给孩子的财商启蒙课

秦　华　著

中原出版传媒集团
中原传媒股份公司

海燕出版社

图书在版编目（CIP）数据

写给孩子的财商启蒙课 / 秦华著 .—郑州：海燕出版社，2018.3（2020.10 重印）

ISBN 978-7-5350-7377-8

Ⅰ . ①写… Ⅱ . ①秦… Ⅲ . ① 财务管理 – 少儿读物 Ⅳ . ① TS976.15-49

中国版本图书馆 CIP 数据核字（2017）第 270572 号

出 版 人：董中山　　　责任校对：刘学武
选题策划：李道魁　　　　　　　　赵会婷
项目统筹：韩　青　　　　　　　　李田田
责任编辑：高　天　　　封面设计：郭萌萌
出版统筹：王亚静　　　插　　画：孔祥彬
美术编辑：韩　青　　　思维导图：廖　丹

出版发行：海燕出版社
（郑州市郑东新区祥盛街 27 号　邮政编码 450016）
发行热线：400 659 7013
经　　销：全国新华书店
印　　刷：中华商务联合印刷（广东）有限公司
开　　本：16 开（710 毫米 ×1000 毫米）
印　　张：7.5 印张
字　　数：150 千字
版　　次：2018 年 3 月第 1 版
印　　次：2020 年 10 月第 4 次印刷
定　　价：42.00 元

序

在我的成长过程中，爸爸妈妈从来不会跟我谈钱，他们只要我一心学习。回头看，我觉得自己小时候似乎生活在与现实隔离的真空里，除了学校、课堂、老师、同学，我完全没有观察到、更不会思考每天发生在身边的经济活动。这种迟钝甚至一直延续到我读完大学、得到MBA学位以后。那时候，我虽然已经学了很多经济学、金融方面的知识，可是在我脑子里，这只是和我的职业相关，我仍然无法把它与日常生活联系起来。

为什么要写这本书呢？是因为在我有了些生活阅历，尤其是在我成为一名帮助别人认知自己的教练后，我看到，人生即选择，在选择中实现价值。而经济学就是一门有关选择的学问，有关如何在有限的资源、未来的不确定性中做出最优选择，正如我们在人生中常常会面对的难题：我无法得到所有，我该怎样取舍？

当我意识到这一点后，我似乎就戴上了一副特殊的眼镜，我看到了经济学其实渗透在我们生活的方方面面。所以我希望这本书能让你也戴上这副眼镜，向外去观察经济活动的规律，向内去理解自己的需要和渴望。

在书中十二个前后呼应的章节里，你将跟随力欧去思考“需要”和“想要”之间的区别、投资人和债权人角色的差异、安全与风险两者的权衡；你将懂得如何借助效用方程式去觉察内心的偏好、如何用一般等价物去创造更大的价值、如何洞悉价格和通货膨胀背后的推力；你还会理解金融工具这把双刃剑可以如何把人带上山巅、又可以如何令人坠入深渊。

最后，我希望你能看到世界的复杂，看到内心的真实，看到选择的自由。

秦　华

2018 年 4 月

目录

致我亲爱的孩子们，你们是我的天使，愿你们懂得选择。

你好！我叫力欧，是一名小学五年级的学生。我有一个储蓄罐，我最喜欢看着它一点点变胖，因为有了钱就可以做很酷的事情。钱不够的时候，可真是有些麻烦，就像我最近碰到的这件事儿……

这是我的爸爸，他在银行管很多钱，他总能把复杂的事情说得很简单。

这是我的妈妈，她是一名经济学家，她总能把复杂的事情弄得更复杂。

这是我的奶奶，最疼我的人就是她，我要啥她就会给啥！

“需要”还是“想要”？

“妈，我想要个智能手机！”力欧刚进家门就对着厨房里的妈妈喊。

“怎么新学期第一天就提这个要求？”妈妈停下手里的活，转过身。

“一升五年级，我们班好多同学都带手机了，他们都互相加微信呢。我要是没有，就不在他们的朋友圈了！”力欧的话如爆米花般蹦出一连串。

“买个手机要一千左右，还有每个月的话费。你知道家里的规矩，自己决定吧。”

“就知道你会这么说。”力欧嘟囔着把书包往地上一甩，回到自己房间，关上了门。

力欧家的规矩是：但凡生活、学习的必需品，由家长负责买；如果只是力欧想要但并非必需的东西，则要他用自己的零花钱买。

力欧从抽屉里拿出他六岁起就开始用来存零花钱的储蓄罐。虽然每年春节时可以收到很多压岁钱，但妈妈说那些钱要放在银行，以后有更重要的用处，所以只有这个小储蓄罐是他完全能控制的财产。每个月初拿到零花钱时他特别高兴，他会把所有的钱都先数一遍，然后把它们叠得整整齐齐装进储蓄罐。平时除了买点零食，或者给家人和同学买生日礼物，他很少花这里面的钱。他喜欢看着他的储蓄罐一点点变胖，总觉得今后可以用这些钱做件很酷的事情，虽然他并不清楚是什么。

现在他把储蓄罐里的钱统统倒了出来，来来回回数了三遍：一共2125元。如果用这些钱买手机、付话费的话，那这么多年的积蓄岂不很快就花完了？想到这儿，力欧只觉得心里一阵委屈，冲得眼睛鼻子直发酸。

他听到妈妈试探性的敲门声："力欧，我能进来吗？"

他没有回答。妈妈轻轻把门推开，走到他身

边坐下。

“儿子，”妈妈摸摸力欧的后背，“你要手机，我能理解。”

“你们明明有钱给我买手机的。”力欧抬起头，皱着眉说。

“但是有钱买不代表就应该买呀。你看呀，我们给你从小定的这个规矩是为了……”

“我知道，我知道。”力欧抢过话茬，“你们想让我分清什么是‘需要’，什么是‘想要’。生活必需品，是‘需要’，是‘need’；不是必需品，只是为了生活舒适的东西，是‘想要’，是‘want’。手机在你们眼里肯定是‘想要’，而不是‘需要’。”力欧一口气如念经般吐出一大串妈妈平时总是会说的话。“但

是，我觉得这个定义有问题。”他说。

“哦？什么问题？”妈妈眉毛微微挑起，她显然没有料到力欧会质疑家里这个执行了多年的规矩。

“按你们的说法，生活必需的东西只有空气、水、食物、衣服和房子，学习必需的东西也就是文具和书。但你们平时不也会给我买许多其他非必需品吗？比如旅游，这还很贵呢！”

“旅游能开阔视野，增长知识，这比手机重要。你们同学天天见面，根本不需要手机，看多了还会毁眼睛。”妈妈总是那么不容置疑。

“你又不是我，你觉得不重要的东西不代表对我就不重要。”力欧反驳道，“如果我大多数朋友都有手机了，而我没有，他们在手机上聊的事情我都不知道，我会觉得很不开心。开心难道不重要吗？”力欧越说越觉得自己有理，声音也不觉提高了八度：“其实，每个人对‘需要’和‘想要’的定义是不一样的！”这句话一出口，他自己都颇感惊讶！

果然，妈妈竟一时语塞了。

她思考片刻后，缓缓地说：“你果真是长大了，很会分析问题。确实，我们之前跟你说的‘需要’

和‘想要’的定义似乎只考虑了身体上的需求，忽略了精神上的需要。而我们对事物重要性的判断标准也真的是很不相同。”妈妈是个经济学家，她一开始讲理论，力欧就预感到长篇大论即将来袭。

“妈妈，你就给我买一个吧。”力欧央求道。对他来说，这才是最关键的问题。

“你让我和爸爸考虑一下。我们和你的效用方程式不同，需要琢磨一个让双方都能接受的解决方案。周末再和你谈。”妈妈说完，起身离开了力欧的房间。

效用方程式是什么东西？妈妈总是能把简单的事情说得很复杂。

“不过，我到底愿意为手机花多少自己的钱呢？”力欧对着他的储蓄罐自言自语。他心里明白，手机确实只是他的“想要”，刚才的说辞多少有点狡辩的味道。

“需要”还是“想要”？这是个容易回答的问题。愿意在“想要”上付出多少钱，似乎就不是一个能简单回答的问题了。

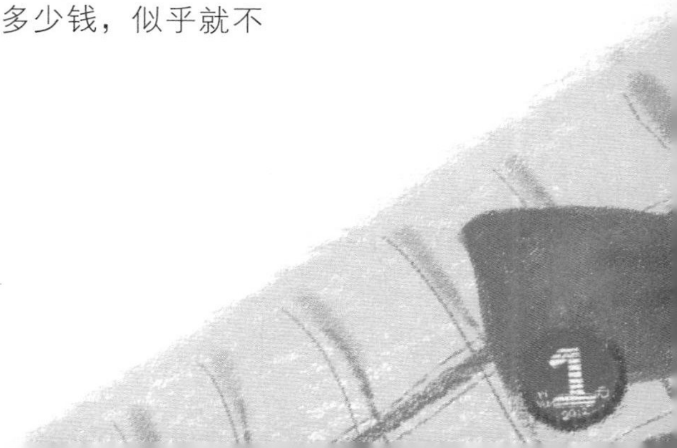

想要
需要
回答
结论
想要
难
付出
钱
2125元
零花
经过
"需要"
手机
用
话费
讨论
主题
need
Want
思考
不同
人
角度
理解

思维导图

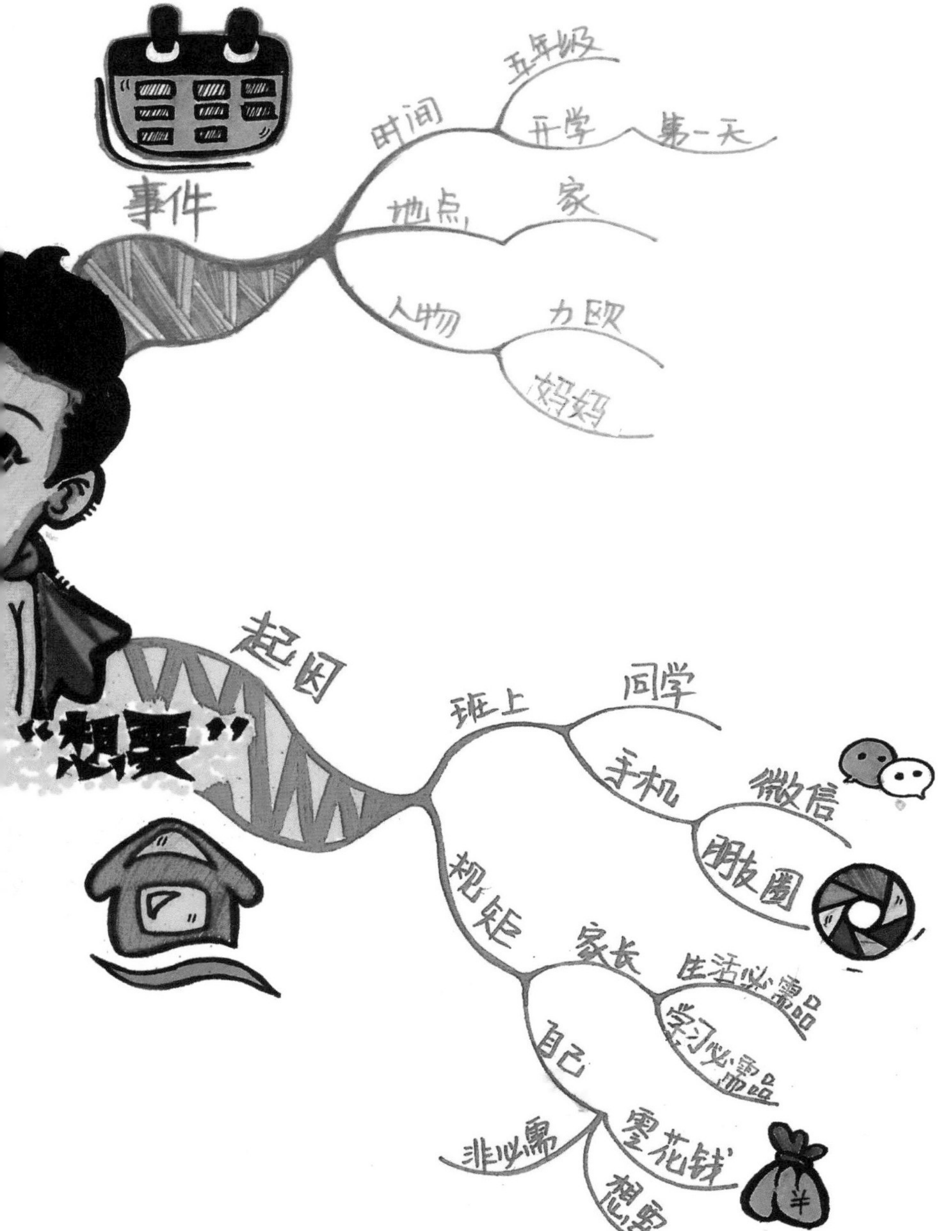
事件
时间
五年级
开学
第一天
地点
家
人物
力欧
妈妈
起因
"想要"
班上
同学
手机
微信
朋友圈
规矩
家长
生活必需品
学习必需品
自己
零花钱
非必需
想要

你的效用方程式是什么样的？

好不容易熬到了周六。在这个星期里，关于手机的事在力欧的脑袋里七上八下地翻腾着。

吃完早饭，妈妈把大家叫到客厅。奶奶丈二和尚摸不着头脑："啥事情要开家庭会议？"

力欧既紧张又期待。

妈妈开始发言："力欧，我和爸爸仔细考虑了你买手机的要求。就像我上次跟你提到的，我们的效用方程式不一样，所以……"

"等等，等等，"爸爸笑嘻嘻地举起手，"请经济学家解释一下什么是效用方程式。"

力欧不禁咧嘴乐了。爸爸在银行工作，妈妈说的这些他肯定都明白，只不过故意提醒妈妈要解释给力欧听。果然，爸爸向他眨了眨眼。

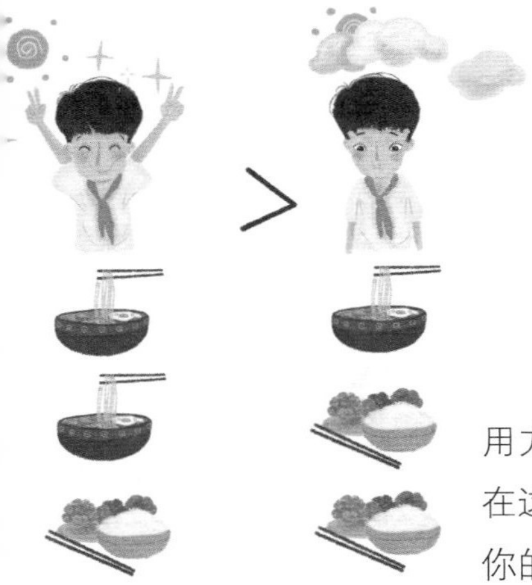

“哦，是这样。”妈妈清了清嗓子说，“效用方程式是用来衡量消费给人带来的满足感的。在这个方程式里，你消费的商品或服务是自变量，你的效用，也就是满足感是因变量。举个例子，比起米饭，你更喜欢吃面条。对你来说，每天吃两顿面条、一顿米饭给你带来的满足感就比每天吃两顿米饭、一顿面条的满足感大。所以，无形中我们各自的效用方程式在为我们做出各种选择。”

妈妈拿出一张白纸，写下一个方程式：

效用 $U = u(x, y, z\cdots)$，其中 x、y、z 等自变量代表消费选择

“因为满足感是比较主观的感受，所以并没有确定的公式来计算，不同的人之间，他们的效用也不能比较。但是，用效用方程式这个概念可以解释一个人对不同消费选择的偏好。”妈妈继续说，“根据我的效用方程式，花钱给你买手机令我的效用下降，因为我觉得这笔开支不仅没有必要，还可能会浪费你的时间。但根据你的效用方程式，手机会大幅增加你的效用；可如果花你自己的钱买，你的积蓄会急剧减少，这会降低你的效用。”

力欧心想：这是个不错的工具，它能帮人们

想清楚到底什么对自己的满足感重要，但如何解决问题呢？

“哎哟，听得我头都晕了。”奶奶这时插话，“力欧是想要个手机吗？不用这么复杂，奶奶帮你买！”

“妈！”爸爸给奶奶使了个眼色。力欧明白，奶奶是帮不上这忙了。

“知道了这个方程式又怎么样呢？”力欧看着妈妈。

“经济学里假设每个人都是理性的，所以每个人在做消费决定时都是为了得到最大的效用。我们现在把各种选择带来的效用排个序。”妈妈又飞快地写出一串式子。

妈妈的效用：U_M（妈妈花钱给力欧买手机）< U_M（力欧用自己的积蓄买手机）< U_M（力欧没有手机）（M：妈妈）

力欧的效用：U_L（力欧没有手机）< U_L（力欧用自己的积蓄买手机）< U_L（妈妈花钱给力欧买

手机）（L：力欧）

力欧盯着这些不等式。如果按照个人追求最大效用的原则，妈妈是不会花钱帮他买手机的，所以不可能达到令他效用最大的状态。但在自己花很多积蓄买手机和没有手机之间，他更偏好哪种情况呢？他一时也说不清。

奶奶忽然从沙发上站起来，有些不快地说："我的效用不用排序，只要我孙子开心，我就开心。"

"妈，你蛮厉害的嘛！居然都听懂了！"爸爸在一旁打趣，并在纸上添了一个奶奶的效用方程式。

奶奶的效用：U_N（力欧开心）= + ∞（N：奶奶）

不过奶奶还是气鼓鼓地离开了客厅。

"力欧，你觉得解决方案是什么？"爸爸笑眯眯地问。

力欧咬了咬嘴唇，迟疑地说："令我获得最高效用的情况是令妈妈获得最低效用的情况，看来我只能退而求其次。我不愿意接受没有手机，这会让我的效用很低。如果花自己的积蓄，嗯……我并不是完全不愿意，只是不想积蓄一下减少那么多。"力欧边想边说，思路逐渐清晰起来。

"儿子，不错呀！你快找到答案了。"爸爸拍拍力欧的肩，"然后呢？"

力欧拿起笔，在妈妈写的方程式下面加上以下这一串：

U_L（力欧没有手机）< U_L（力欧从积蓄中花多于 500 元买手机）< U_L（力欧从积蓄中花 500 元或更少买手机）< U_L（妈妈花钱给力欧买手机）

放下笔，他舒了口气，觉得轻松了很多。

在过去的这一周里，力欧其实已经反复思考

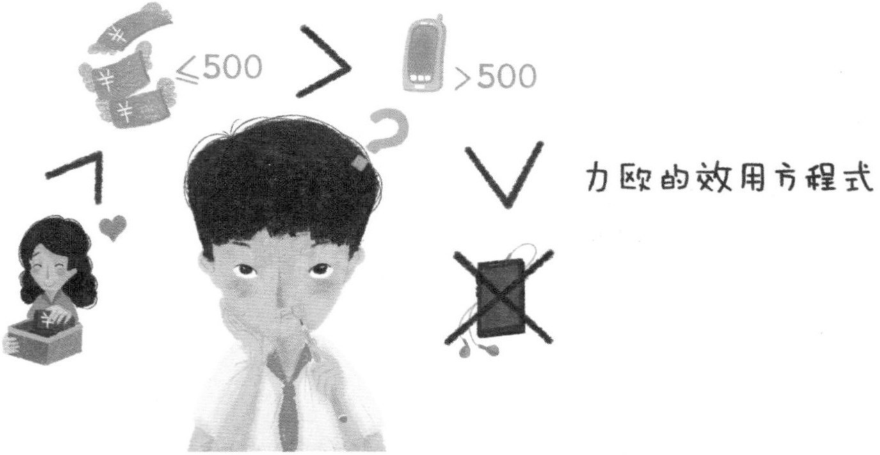

过他愿意为这个“愿望”花多少钱，但怎么也想不明白。现在看着自己的效用方程式，他脑子里忽然蹦出“500元”这个数字，也说不出为什么，就是让他感到妥帖。

“我现在要尽量买便宜的手机。”力欧坚定地说。

“如果你找不到比500元价格更低的手机呢？”爸爸仍然不放过他。

“大不了效用再降一层呗！”力欧心里有点烦躁，他已经无法进一步思考了。

妈妈看出了苗头，赶紧接过话茬：“有个成语叫‘开源节流’。找便宜的属于‘节流’，另一个方法是‘开源’，也就是自己想办法去挣钱。”

“向奶奶要不算啊。”爸爸立马补充一句。

“我才不会呢！”力欧有点赌气。

“儿子，不简单！”爸爸终于站起来，摸摸力欧的头，“来，我们一起上网去挑手机。”

打开电脑，接上网络后，力欧傻眼了。那么多品种，那么多价位，这可怎么选呢？为什么功能相似的产品，价格却相差很大？为什么同样的产品在不同的网站上列出的价格却不同呢？

价格究竟是怎么决定的？

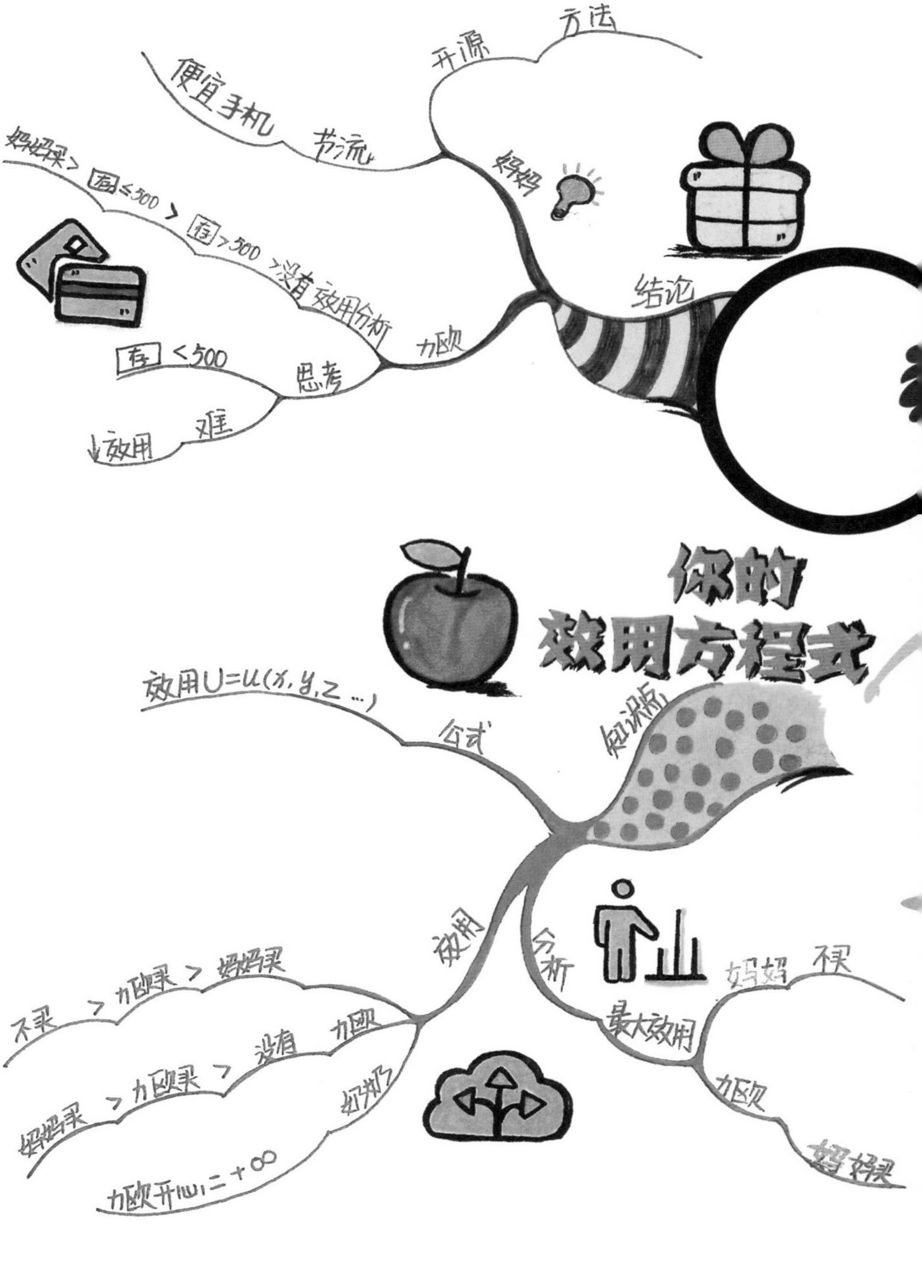
你的效用方程式
开源
方法
节流
便宜手机
妈妈
结论
加欧
妈妈买>固≤500>固>500>没有效用分析
思考
存<500
难
↓效用
知识点
公式
效用U=u(x,y,z…)
效用
加欧
不买>加欧买>妈妈买
妈妈买>加欧买>没有
奶奶
加欧开心=+∞
分析
最大效用
妈妈
加欧
妈妈买

周六
时间
家
地点
事件
奶奶
人物
爸爸
妈妈
力欧
是什么样的？
买手机
家庭会议
起因
不同
人
思考
讨论
角度
理解
满足感
消费者
衡量
服务
自变量
商品
概述
效用理论
因变量
满足感
感受
明确
如何使用
消费选择
解释
偏好

价格由谁说了算？

力欧在购物网站上看得眼花缭乱。手机价格从 400 元到 6000 多元，生产商从小米、华为到三星、苹果，屏幕尺寸、拍照像素、网络类型等都是可选择的产品特征。力欧一方面庆幸自己只花 500 元钱还是可以买到一个基本款的智能手机，另一方面又对 10 倍多的价差感到好奇。

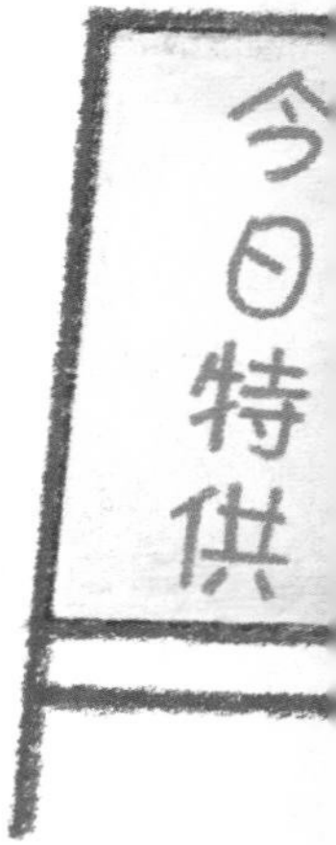

“爸，厂商是怎么定价格的？你怎么知道一个东西值不值那么多钱？”力欧问坐在他身旁的爸爸。

“问得好。”爸爸想了想，“简单地说，价格是厂商和购买者共同影响的。”

“厂商定价难道还会和购买者商量吗？复杂的说法是什么呢？”力欧觉得这里面一定很有名堂。

“嗯……”爸爸摸摸自己的肚皮说，“我们出去走走，我有点馋楼下糕点房里的肉松蛋糕。等会儿回来后，我们再下手机订单吧。咱边走边聊。”

力欧的妈妈一开口总是长篇大论，而爸爸却喜欢卖关子。力欧不知道爸爸这葫芦里卖的是什

¥2.00
¥2.00
¥2.00
¥6.00
¥1.60
¥2.00
¥198.00
/¥2.00
¥10.00
×?

么药。不过，肉松蛋糕？为这个走一趟也值。

糕点房在小区的门口，几步路就到了。一推开店门，暖暖的香味扑面而来，爷儿俩不约而同地咽了咽口水。他们走到货架前，爸爸指着肉松蛋糕问力欧：“这个现在是 2 元 1 个。如果你有 10 元钱，你会买几个？”

“我会买 5 个，奶奶、妈妈和你每人 1 个，然后我自己中午吃 1 个，晚上吃 1 个。”力欧说。

“如果变成 1 元 1 个呢？”爸爸又问。

“那……我最多会买 8 个吧，你们每人 1 个，我中午和晚上各吃 2 个，再留 1 个明天早上吃。这是我最喜欢的蛋糕了，可以当饭吃。不过，也不能买太多，吃不完会变质的。”其实在力欧心里，有比变质更糟糕的事情。力欧想到以前自己爱吃方便面，结果爸爸给他买了一箱，他连着吃了两个星期后，很长一段时间里看到方便面就恶心。

“如果变成 7 元 1 个呢？”爸爸再问。

“那也太贵了吧！我可能就不买了，到别的糕点房去看看。”

“在这三个价位下，糕点房的老板分别会愿意做多少肉松蛋糕呢？”爸爸步步紧逼。

“具体做多少我就搞不清了。不过价格越高，

老板就能赚得越多，所以应该也会想多做些。但是，价格高的时候，购买的人又少了，所以他又不能做太多。”力欧觉得好像绕进了一个循环，数量和价格、买方和卖方互相牵制，不知道出口在哪儿。

“完全正确！”爸爸笑着说，“糕点房老板是商品的供给方，购买者是商品的需求方。从需求方的角度看，我们希望能以最低价买到我们想买的东西。价格越低，我们会购买越多；价格越高，买得就会越少。”

“可是，再好吃的东西吃多了都会腻味的。”力欧记忆中的那箱方便面好像要在胃里泛起酸水了。

“没错，你说的这种情况用经济学的话来说就是‘边际效用递减’。边际效用就是每多消费一个单位的东西为你增加的效用。在大多数情况下，你对某个东西消费得越多，它给你带来的边际效用就越少。” 爸爸边说边拿了4个肉松蛋糕，走到收银台前排队，“所以咱们家每人1个，不多不少刚刚好。”

他接着说：“表面上看是供给方在制定价格，但是当定价过高时，需求量就会少于供给量，这就是供大于求，就会有商品卖不出去积压起来；如果定价太低，需求量就会大

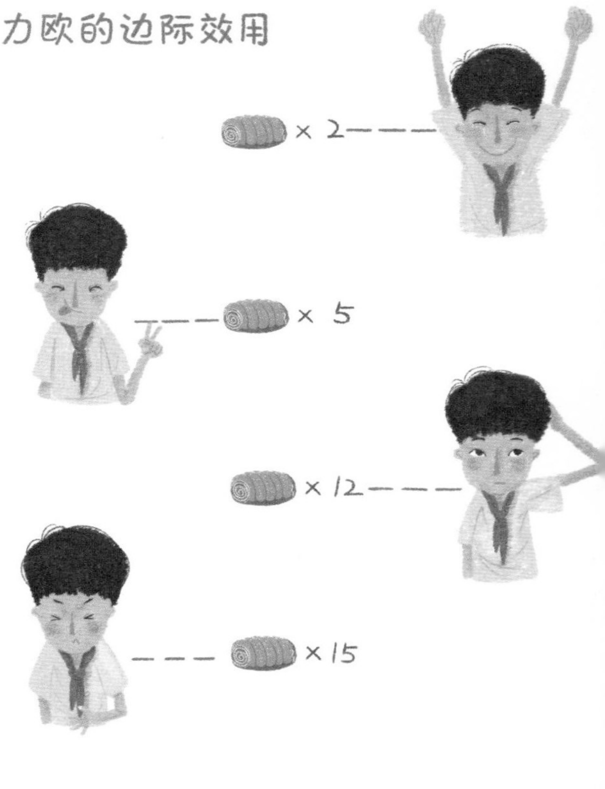

于供给量，于是供不应求，厂家就会错失赚取更多钱的机会。”

“所以，”力欧忽然意识到刚才那团乱麻有了点头绪，迫不及待地推理下去，“厂家会根据需求方的反应调整产量和价格，直到供给和需求取得平衡！这就是为什么你说价格是由厂商和购买者共同影响的！”

“没错，小伙子！”爸爸说着又把目光转移到旁边玻璃橱柜里一块小巧精致的奶油蛋糕上。他问力欧：“为什么这块蛋糕和肉松蛋糕差不多大，却贵很多？”

“它有奶油和巧克力，而且包装讲究多了，送人比较漂亮。”力欧想到了 6000 多元的手机，如果带那个去学校，在同学中一定很炫酷！

轮到爸爸付款了，力欧指着收银机旁边贴的一张纸条说：“下午 5 点以后，所有糕点都卖半价。我以前只是想到这是因为放到那个时候的糕点已经不新鲜了，所以要打折。其实，这里面还有供需不平衡的问题。5 点后还没卖出的糕点如果保持原价，很可能会导致当天供大于求，因为店快要关门了，顾客也不多了。下调价格后，这时原本计划买一个糕点的顾客也许就会买两个。这个时间段的需求增加后，全天的供需就更可能达到平衡！”说完，力欧好像忽然想到了什么，他拉着爸爸急切地往家里走。

回到家，力欧发现妈妈出门了，暗自失望。

爸爸拿出笔，兴致勃勃地在一张白纸上画了一个二维坐标系，然后对力欧说：“来，儿子，把我们刚才讨论的总结下。这里 x 轴代表数量，y 轴代表价格。对于消费者来说，价格和数量成反比，所以需求线向下倾斜；对于厂家来说，价格和数量成正比，所以供给线向上倾斜。这两条线的交点就是供需平衡时的价格和数量了。”爸爸得意地仰了仰头：“怎么样？我这个经济学家的家属，水平还可以吧！”

这两条交叉线一目了然地显示了市场定价的机制，但力欧隐隐感觉到，在这简单的线条之下包含了很多复杂的因素。

“你想好买哪款手机了吗？”爸爸问。

“妈妈什么时候回来？”力欧答非所问。

需求
供给
x=数量
y=价格
供大于求
平衡点
供不应求

价格
y
需求
供给
2元
1元
平衡点
0
5
8
x
数量
价格
y
x
数量
公式计算
交点
供需平衡点
结论
积压
错失机会
需求↓
需求↑
价格↑
供大于求
价格↓
需求↑
保持原价
供大于求
平衡
折扣
供不应求
供需不平衡
供求关系
效用↑
边际效用↓
增加
消费
边际效用递减
边际效用
知识点
价格
蛋糕×2
蛋糕×5
蛋糕×12
蛋糕×15
例
蛋糕案例
需求
角度
供给方
蛋糕店
讨论
需求方
购买者
价格↓
价格↑
购买
5个
×2
×1
8个
×1
不买

NEWS
背景信息
地点
家
蛋糕房
人物
爸爸
力欧
事件
力欧
买手机
价格
难
选择
多
乱
思考
谁定价
厂商？
购买者？
说了算
???

商场外的市场

力欧坐在沙发上心不在焉地翻看一本杂志，时不时地瞄一眼墙上的钟。

等到快吃午饭的时候，妈妈终于回来了。他放下杂志，径直迎上去："妈，我要跟你商量件事。"

"哦？"妈妈听出了力欧声音中的急切。

"妈，我记得你以前用的不是现在这款手机，原来的旧手机还在吗？"力欧问。

“应该在吧。两年前换的，当时随便搁哪儿了，得找找。”妈妈看了一眼力欧的爸爸。

“你要是能找出来，就给我吧。我出300元买，行吗？”

“什么？”爸爸妈妈异口同声。他们显然谁也没料到力欧会花钱买妈妈的旧手机。

妈妈问：“我不在的时候发生了什么？”

“我们就是一起去买了4个肉松蛋糕。”爸爸耸耸肩。

“是这样的，巧克力奶油蛋糕很好看，对有些人来说也更好吃，但我还是最喜欢肉松蛋糕。5点钟以后的半价糕点虽然没有早上刚烤好的时候新鲜，但对我来说并没有太大区别。”力欧清了清嗓子，继续说，“我在网上看到手机因为性能、品牌的不同，价格相差很大。我想，这是因为消费者各自不同的效用方程式导致他们对手机的需求有很大差异，有些人可能只需要基本的功能，有些人不仅需要功能强大，还要外观漂亮，或者品牌比较知名。花钱最有效率的方法就是买的东西正好是你所需要的，没有被‘浪费’的性能。”力欧好像是忽然打通了全身经脉，把爸爸妈妈之前告诉他的理论统统串联了起来。

“有意思。那对你来说，什么是会被‘浪费’的性能？”爸爸追问。

“我不需要大屏幕、大内存、高像素，也不需要名牌。虽然iPhone 确实挺酷的，但我仔细想了想，品牌带给我的边际效用并不高。我只需要能用微信、能打电话、能发短信这些基础功能，如果有其他的功能也不错，但为此付出过多的金钱并不值得。所以，当我看到打折糕点的告示时，我意识到自己其实并不在乎它是不是新的，只要能用就行，所以我想到了妈妈的旧手机。”力欧停下来，转头对妈妈笑着说，“只要有需求方和供给方就能产生市场，不一定非要去商场。在家庭这个市场中，供给者和需求者更可能充分商议价格，达到供需平衡，实现各自最大的效用。”

“士别‘半日’，当刮目相看啊！力欧，你很有想法，明白自己要什么、不要什么，推理也

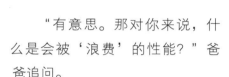

相当有逻辑，让我佩服！”妈妈不禁喜形于色，“不得不承认，我之前对你拥有手机非常不放心，更不希望你是因为要和同学攀比才想买，所以根本没想起我有闲置手机这回事。现在看来是我多虑了。不过，你为什么提出要从我这儿买呢？你完全可以要求让我送给你呀。”

“根据你的效用方程式，我拥有手机会令你的效用下降。我想，如果我花钱向你买，也许可以让你效用不变，从而愿意接受我的提议。”力欧期待地看着妈妈。

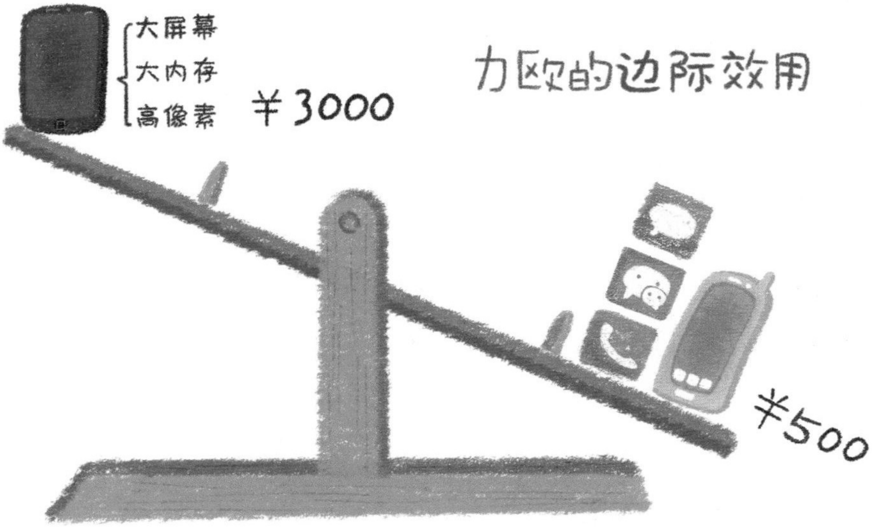

“让我的旧手机继续发挥作用，确实不错，但对我来说，你对手机的认识比钱重要多了，我也相信你有自控能力。我把手机找出来以后，它就归你了！”

“真的？”力欧走到妈妈跟前，给了她一个大大的拥抱，“谢谢你，妈妈！”

“你加入我们的家庭套餐，不用额外付话费。上网用家里的 WiFi，就不用开手机数据网络了，反正用微信和同学联系应该只需要在放学后吧。这样你就不用承担使用手机产生的费用了。”爸爸似乎早就把这些安排好了。

“成交！”力欧一口答应。他没想到这件事可以有这样完美的结局，心里有些暗自得意。这一大圈分析下来，他对如何做出明智的消费决策有了清晰的思路：他知

道了如何确定是否消费；他知道了在资源有限的条件下，如何根据自己的效用比较各种消费选择；他也明白了价格是被什么影响的；他甚至还发现，原来自己可以创造出一个市场！经济学并不都是枯燥的理论，它其实和生活息息相关。他对更深入地了解钱和市场的规律产生了浓厚的兴趣。这几天，班里正好在选班干部，他之前一直担任学习委员，也许这学期应该尝试一下不一样的角色。

家庭套餐
WiFi
额外费用处理
旧手机
免费
圆满解决
手机事件
创造市场
效用分析
惊喜
有限资源
合理消费
学会
结论
旧手机
¥300
回购
协商
经过
效用小
新
原因
起因
旧
效用不变
易接受
讨论
产生市场
家庭市场
充分商议
供需平衡
供给方
需求方
效用
最大化

市场
背景信息
时间
中午
地点
家
人物
爸爸
妈妈
力欧
事件
起因
手机事件
蛋糕房
肉松蛋糕
折扣
需求？
引发
思考
效用
不同
需求
差异
"被浪费"性能
需求
基础功能
更多功能
费用↑
效用↓
讨论
价值
√
×

价值是如何实现的？

选举班干部的时候，几乎是“学习委员专业户”的力欧出乎意料地要求当生活委员，让老师和同学大吃一惊。生活委员是班委会中负责班费以及后勤的人。力欧心里知道，虽然管的事情可能很琐碎，但他希望能通过这份“工作”有机会继续琢磨有关钱的问题。

班委会凑在一起讨论这学期的计划。除了几个主题活动外，力欧的班级有个传统，就是每学期都会举办一个捐赠活动，让同学们把自己不再需要的学习用品和书籍集中起来寄给贵州一个贫困地区的学校。作为生活委员，力欧将和组织委员一起负责这个活动的筹办。但是对于这个活动，力欧心里一直都有些想法。

在家里吃晚饭的时候，力欧向爸爸妈妈宣布了自己的新“工作”。

“什么？你要管理班级的生活？”妈妈嘴巴张得老大，“儿子

具
衣物
分类
2.打包
3.捐赠给贫困地区

啊，你自己的房间还总是乱成一团呢！”每次洗衣服前，要把力欧散落在四处的臭袜子收集齐全堪比一场充满惊喜的寻宝行动！

“我看啊，”爸爸眯着眼说，“你这脑袋瓜里一定是另有所谋。”

“嘻嘻……被你猜中了。”力欧挠了挠头说，“有件事情我一直在琢磨：我们班捐给贵州学校的东西虽然挺好的，但我觉得这并不一定是他们最需要的。比如说，也许他们更需要教具而不是文具，而且捐的东西五花八门、各不相同，他们怎么分配呢？我想设计个更好的方法来‘变废为宝’，不过还没想出来该怎么办。”

“原来如此！有意思。”妈妈顿了顿，问，“还记得钱最初是如何产生的吗？”

“当然记得。”力欧不太明白这和他的问题有什么关联，“最开始人们都是靠自己打猎、摘果子自给自足，后来用自己多余的东西和别人换自己没有的东西。再后来，当需要交换的东西变得越来越多时，物物交换就很麻烦了，比如说弄不清东西之间的价值怎么换算，或者找不到合适的交换对象，于是就出现了能方便携带和衡量的‘一般等价物’，比如贝壳，最

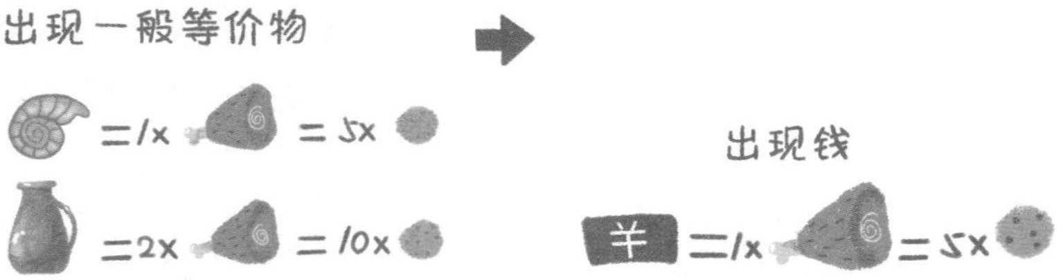

后就慢慢变成了钱。”力欧记得“一般等价物”是几年前妈妈跟他解释的第一个正式的“经济学概念”。

“你是想要把你们不用的东西换成贵州学生最需要的东西，对吗？”妈妈又问。

“对。哈！我知道了！”力欧捶了下自己的脑门儿，“为了把我们的‘废’换成他们的‘宝’，我需要使用钱这个一般等价物。之前居然完全没想到！”有了钱，贵州的学生就可以买自己觉得最重要的东西了。寄钱也比寄东西方便、快捷。“那怎么把我们的捐赠物转变成钱呢？”力欧问。

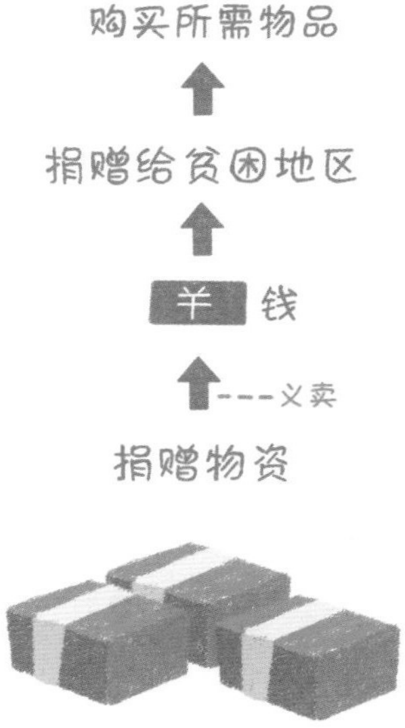

妈妈这时候已经拿出一张纸和一支笔，写出了一个等式：

收益（得到的价值）– 成本（放弃的价值）= 创造的价值或财富

妈妈解释道：“任何一个交换都涉及收益和成本。因为每个人的效用方程式不同，所以同一个东西对不同的人来说价值不同。双方能够自愿完成交换是因为他们都认为自己从交易中获得的收益大于付出的成本。你如果要找到愿意和你做交易的人，得想一想谁会从这个交换中获得价值。谁会想要花钱买这些东西呢？”

力欧沉思片刻，忽然眼前一亮：“是我们自己！

还有低年级的同学！”

“为什么呢？这些东西你们自己也有啊。”爸爸问道。

“但是，别人有的和自己的可能不一样。况且，有些高年级才看的书，低年级同学肯定还没有呢！我们在学校里卖，价钱会比商场里的便宜。”力欧越想越兴奋。

“所以，交易的过程其实就是让资源重新分配，让每个人的效用得到提高，价值也因此产生了。如果可供交易的东西越多，参加交易的人越多，每个人就更有可能得到他们最想要的东西，交易创造出的财富就越多。”妈妈似乎在暗示什么。

“可供交易的东西，可供交易的东西……”力欧喃喃自语。

忽然，他兴奋地站了起来，像是发现了新大陆！“我们还可以卖别的东西，不光是文具！我知道了，我们应该办一个面向全校同学的跳蚤市场！”

“你想到了！”妈妈不禁竖起了大拇指。

“让我再挑战你一下，”爸爸说，“交易创造价值。交易物可

以是已经有的闲置资源，也可以是卖方创造出的产品或服务。除了捐赠，你们还能创造出什么别人愿意花钱买的东西？”

“食物！”力欧更加兴奋了，“我们可以让同学们做些点心放在跳蚤市场上义卖！”力欧仿佛已经看见自己数钱的样子了。然后他想到贵州的学校可以用这些钱为教室添置先进的教具，为图书馆订阅学生们喜欢的期刊。这真是太棒了！

“你这个小馋猫，什么时候都不忘记吃的！”妈妈笑着刮了下力欧的鼻子，“那你这卖场打算怎么搭？价格怎么定？怎么样才能多卖出些钱呢？”

“这不才想出主意吗？细节待定！”力欧俏皮地跟妈妈作了个揖，说道，“有困难一定会请教妈妈大人！”

力欧草草地把碗里的饭扒完，到自己房间拿出刚得到的手机，给组织委员皎怡发了条微信：“我有一个宏大的计划！咱们让全校同学一起来练个大摊儿吧！”

过了几分钟，皎怡回复了三个大问号。

力欧为什么不直接捐物？因为他和贫困地区孩子的效用方程式是不同的。

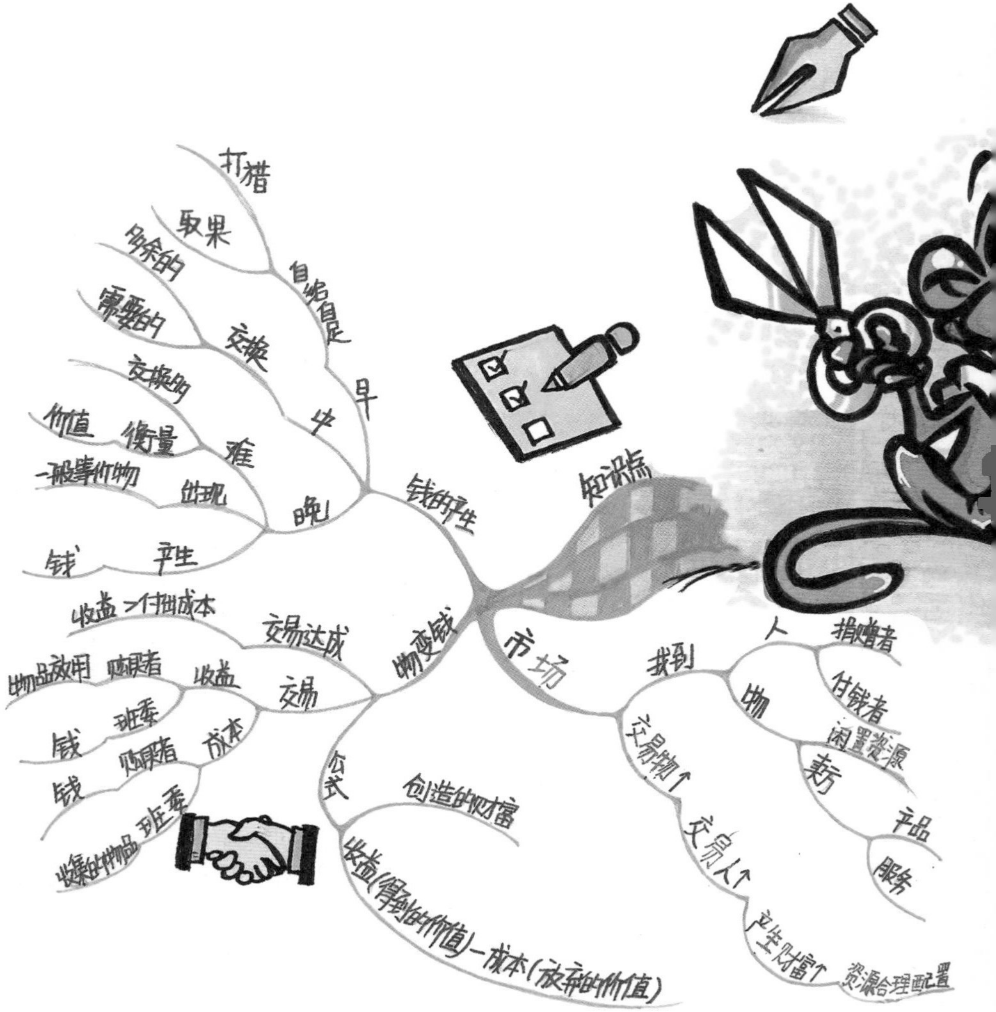
知识点
钱的产生
早
自给自足
打猎
取果
中
交换
多余的
需要的
难
交换的
价值
衡量
晚
一般等价物
的出现
钱
产生
物变钱
交易达成
收益＞付出成本
交易
收益
物品效用
购买者
班委
钱
成本
钱
购买者
班委
收集的物品
公式
创造的财富
收益(得到的价值)－成本(放弃的价值)
市场
找到
人
捐赠者
付钱者
物
闲置资源
卖方
产品
服务
交易物↑
交易人↑
产生财富↑
资源合理配置

思维导图

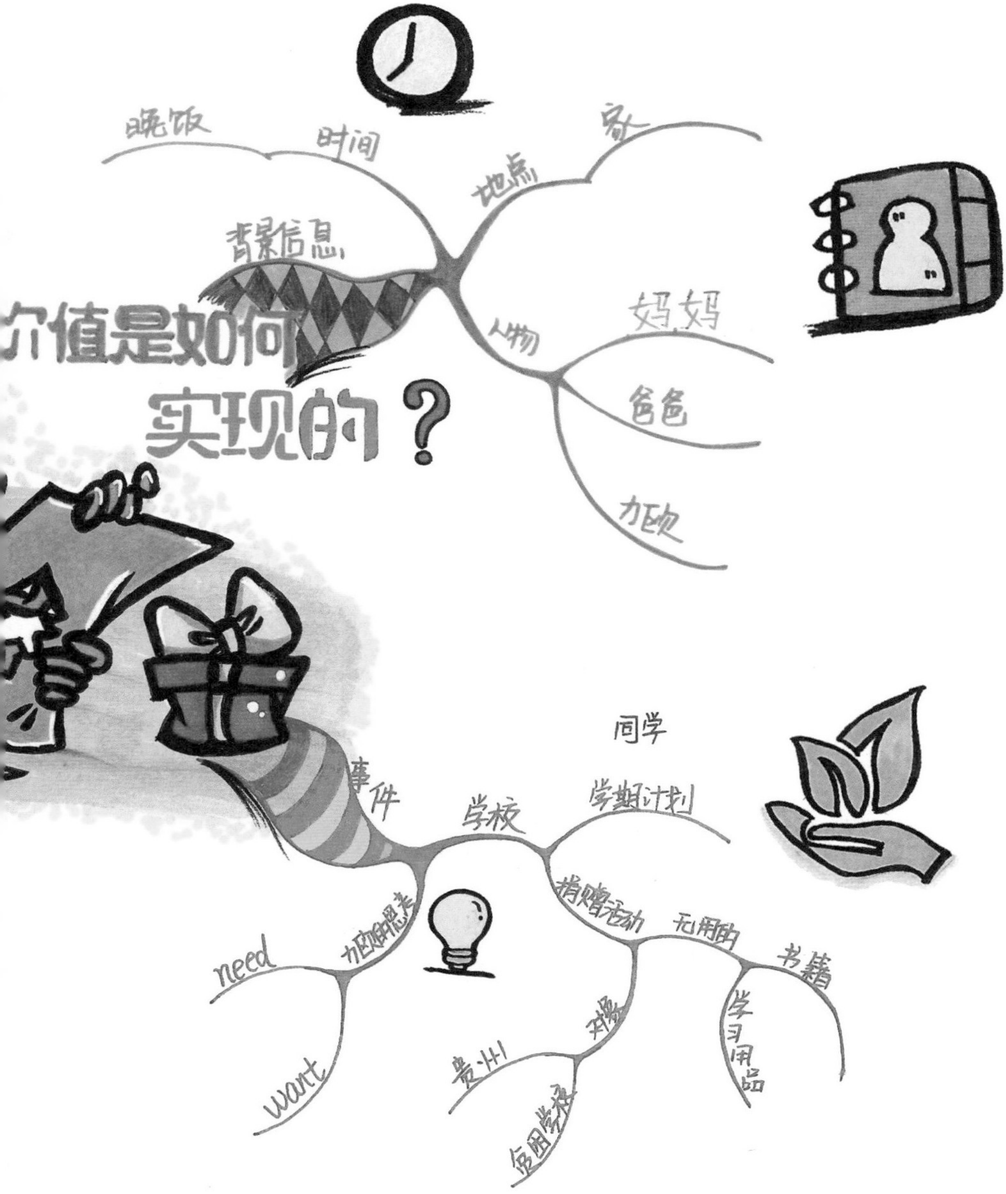
值是如何
实现的？
晚饭
时间
地点
家
背景信息
人物
妈妈
爸爸
加欧
事件
学校
学期计划
同学
捐赠活动
无用的
书籍
学习用品
对象
贵州
贫困学校
加欧的思考
need
want

市场只需要买卖双方吗？

第二天课间休息的时候，力欧迫不及待地叫住皎怡，和她讨论起自己的“宏伟”想法。

“你是说让全校的同学把不要的东西统统搬到学校里来卖吗？”皎怡听完后并没有像力欧所期待的那样兴奋。

“对啊！一个非常大的跳蚤市场！我都想好了，卖场可以放在大礼堂，每个班级一个大摊位，什么都能卖，甚至还能卖自己烘焙的点心。这样一定能筹集到很多钱，而且还好玩！”

“等等，我们班发起全校范围的活动，老师会同意吗？什么都可以卖吗？旧衣服，玩具，还是其他东西？所有年级都在一起吗？钱怎么管理？”有丰富组织经验的皎怡提出了一连串的问题。力欧被这连珠炮一轰，一时回答不上来。他尴尬地一咧嘴，说：“所以才来找你一起想方案的嘛！”

清洁
流动红旗
压力

“我们如果想要得到老师的批准，就得先把细节都想清楚了。如果卖旧东西，保持清洁就很重要。我可不想碰脏兮兮的东西。”皎怡不由得皱起了眉头。皎怡的父母都是医生，她随身携带消毒液的习惯全班都知道。

“如果大家卖自己烘焙的点心，谁知道里面有些什么成分。我妈说，有些人对某些食物过敏，严重的还会有生命危险。”皎怡继续说。力欧不得不佩服她的医学常识。

“全校都在同一个卖场会不会太挤了？而且也不好管理呀。我爸说，人太多的话会有安全风险。”老牌组织委员皎怡“教导”着，力欧只能闷头狂记笔记。

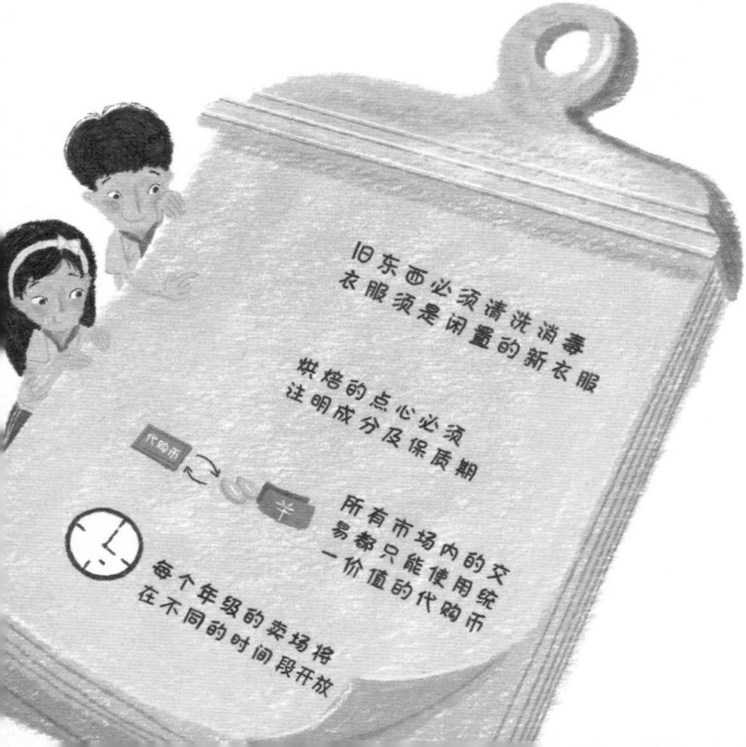

“钱，还有钱。摆摊儿的同学没有足够的零钱来找怎么办？再说了，钱上的细菌最多了！”皎怡的眉头锁得更紧了。

面对这些费脑筋的问题，力欧和皎怡经过半个小时来来回回的讨论，终于制定出跳蚤市场的四大规则：

1. 除印刷品外，

带到市场上卖的旧东西必须清洗消毒，并且不能有任何安全隐患。衣服必须是闲置的新衣服。

2. 自己烘焙的点心必须注明成分及保质期。

3. 所有市场内的交易都只能使用统一价值的代购币。

4. 每个年级的卖场将在不同的时间段开放。

皎怡同意由她负责带着这个方案去向老师申请批准。

晚上吃饭的时候，力欧和爸爸妈妈说起这场讨论，以及他们最后定出的规则。全家都大大称赞他们俩考虑周全。

过了一会儿，力欧忽然想到了什么："妈妈，以前我以为只要有需求方和供给方就可以形成市场，现在我觉得似乎只有买卖双方是不够的。如果我们不制定这些规则，这个跳蚤市场的运作也许会出问题。"

"哈！你想得越来越深入了！你是不是觉得你和皎怡在市场中也扮演了一个角色？"妈妈问。

"好像是。在我们生活中的市场，也是需要有人制定规则的吗？"力欧问。

"一点儿没错！这就是政府的职能了。"妈妈笑着说。

"你是说，我们在执行政府的职能？"力欧没想到自己和皎怡做的事竟然这么重要。

"对呀！我们平时去商场里买东西，看到的只是卖方和买方，但是商场里的卖方为了获得在那里卖东西的

权利，是必须遵守政府制定的规则的。比如说，为了保障消费者的安全和健康，所有的产品必须通过质量检验，这样有助于防止卖方偷工减料、出售假冒伪劣产品。”

“还有啊，”爸爸补充道，“有些厂家为了降低产品的成本，将生产过程中产生的垃圾、废水、废气，直接排放到环境中，污染我们的土地、水和空气。政府为了保护环境，一方面可以对这些厂家进行处罚，另一方面还可以给保护环境的厂家提供帮助，比如爸爸工作的银行就会给这些环保的厂家一些贷款优惠，让他们少付利息以抵消环保的高成本。另外，比如修路、修桥、环境修复等，这些事情虽然不赚钱，但对生活至关重要，就必须由政府来做了。”

原来政府在市场里起到这么多的作用啊！力欧想了想说：“那我和皎怡制定的规则主要是为了保护同学们的健康和安全，并保证跳蚤市场的顺利进行。”

“还不止这些哦！”妈妈说，“你们甚至还发行了一种新的货币！”

“新的货币？”力欧有种

脑洞要被捅开的感觉。

“是啊，你们设计的代购币将是在你们的跳蚤市场中流通的特殊货币，你们需要确定它和真实货币之间的转换比率。具体怎么操作，这里面可大有学问呢！”妈妈越说越起劲，力欧却听得头皮发麻，一种强烈的不安从心底涌起：我是不是自作聪明地给自己找了个大麻烦？居然捣鼓出一种新的货币！到时候可千万别乱了套啊！

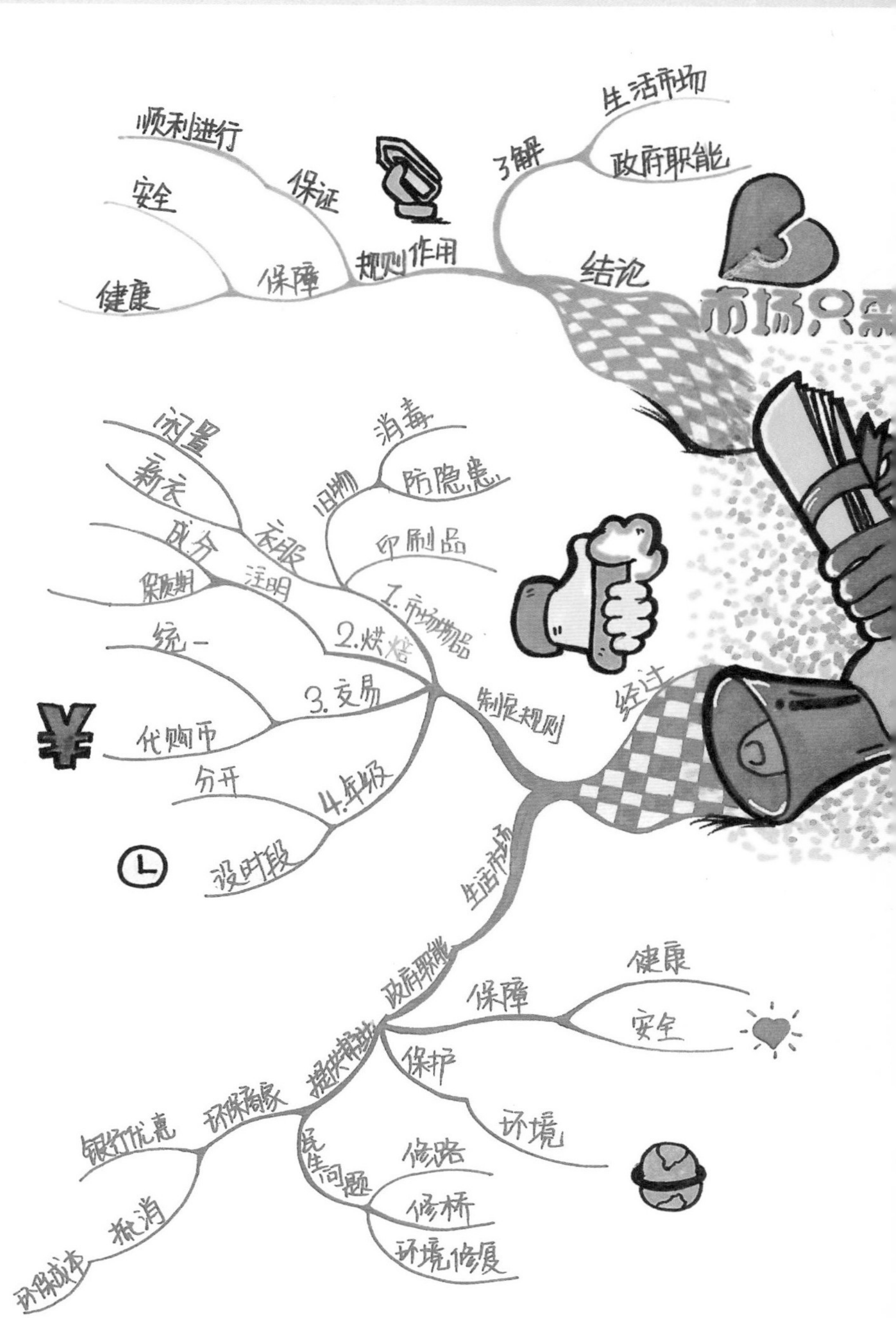
规则作用
保证
顺利进行
保障
安全
健康
了解
生活市场
政府职能
结论
1.市场物品
旧物
消毒
防隐患
印刷品
衣服
闲置
新衣
2.烘焙
注明
成分
保质期
3.交易
统一
代购币
4.年级
分开
设时段
制定规则
经过
生活市场
政府职能
保障
健康
安全
保护
环境
提供帮助
环保商家
银行优惠
抵消
环保成本
民生问题
修路
修桥
环境修复

双方吗？
地点
学校
家
时间
课间
晚饭时
事件
人物
敏怡
组织委员
加欧
爸爸
妈妈
起因
学校
捐赠活动
讨论
加欧构思
建立
大型
跳蚤市场
选址
大礼堂
卖场
摊位
班级
物品
不限
敏怡疑问
物品问题
旧物
清洁
食品
安全
钱
管理
市场
人员
安全风险
年级不限
拥挤度

市场里到底有多少钱？

皎怡凭着详尽的计划和老师对她组织能力的信任获得了举办活动的批准。力欧当仁不让地承担起所有和钱有关的责任。他仔细思考后，制定出以下方案：

1. 每个代购币价值 1 元，由力欧统一制作和发放。每个需要买东西的同学要先用现金兑换所需数量的代购币，离开时可以把没用完的代购币兑换现金，不能把代购币带离市场。

2. 跳蚤市场内所有物品的定价必须以单个代购币为基本单位，也就是说，1 元是最小的定价单位。

3. 每个班级需要记录各自的销售金额，结束后把交易记录交给力欧汇总。

为了确保管理钱物妥当，力欧觉得需要保证下面这个等式的平衡：

收到的现金 – 被赎回的现金 = 发放的代购币金额 – 被退回的代购币金额 = 销售总额

销售总额

大卖场被安排在午饭后举行，每天一个年级。考虑到低年级卖的东西可能比较少，所以一、二年级在同一天进行。

激动人心的周一终于来临了！力欧心中七上八下，既兴奋又有些隐隐的担心。

同学们一大早把自己的“货物”摆放到大礼堂各自班级的摊位前。低年级的小同学带来了很多可爱的玩具。

上午最后一堂课的下课铃响后，力欧顾不上吃午饭就赶到大礼堂做准备。

“顾客”们陆续出现了，大卖场渐渐热闹起来。力欧的桌子前无疑是最繁忙的。入场的同学换代购币，离场的同学赎回钱，来来往往，川流不息。力欧的助手在一旁将每笔交易都仔细做了记录。

皎怡则在大礼堂里来回走动，看看有什么突发的问题需要解决。小同学们对自己的东西该卖多少钱其实没什么概念，能卖掉就开心得不得了，所以价格真是低得诱人呢！他们对别人摊位上的东西更感兴趣，尤其是那些自己没玩过的玩具。

一个小时很快过去，第一天的市场结束了。每个班级把交易记录以及得到的代购币统一交给

力欧。力欧看着满满一大袋子钱和兴奋的同学们，虽然自己已是汗流浃背，但心里乐滋滋的。

放学后，力欧和皎怡留下来清点钱款。在把所有的现金和代购币数过三遍，所有的交易记录计算过三遍后，他们俩面面相觑。那个等式显然无法平衡，它变成了这样：

收到的现金净额 118 元 = 发放的代购币净额 118 元 < 销售总额 180 元

“花了 118 元买了 180 元的东西，这是怎么回事？”力欧百思不得其解。

皎怡一边转动手里的铅笔，一边努力回忆卖场上的情景：“我当时觉得哪里不太对劲，但是又说不出来为什么。”

“哪里不对劲？快说来听听！”力欧着急地问。

“今天卖场里的顾客主要是低年级的小同学，他们的东西对高年级的同学来说太小儿科了。有些小同学着急把自己的东西卖完后，就拿着赚到的代购币到别的摊位去淘宝贝。”

“那就是了！”力欧一跺脚，“这是义卖，得到的钱款是用来捐助的，是不能用来花的！”

“哎呀！我怎么没想到这个！”皎怡使劲敲了敲脑门，怪自己的疏忽。

“也许是因为用了代购币，我们就糊涂了，觉得钱的交易只是在交换代购币的时刻发生的。”力欧这才理解妈妈说他们发行了一种新的货币是什么意思，“还好这是第一场，为时不晚，可以补救。接下来的几天，我们需要跟各个班级负责收银的同学说，卖东西得来的代购币必须分开保管，不能再次进入市场交易，也不能兑换成现金。”

“好吧。只是这 62 元……”一向追求完美的皎怡心里很不痛快。

“吃一堑，长一智嘛。”力欧安慰她道。

力欧回到家，一进门就躺倒在沙发上，筋疲力尽。

“儿子，”爸爸坐到力欧身旁问，“今天的大卖场怎么样？把你累坏了吧？”

“别提了……发现了个大漏洞，不过还好，可以亡羊补牢。”力欧有气无力地跟爸爸叙述了事情的原委。

“有意思！”爸爸听得倒来了

精神，“你这个漏洞其实是货币在真实的市场中流通的体现呢。如果整个市场里有价值 10000 元的商品，但我们并不需要有 10000 元的货币才能买到这所有的东西。”

“真的？”力欧从沙发上坐起来，“所以市场里的交易量有多少并不是由实际存在多少钱币决定的？”

“对的，市场里的交易量和流通的频率有很大关系。”爸爸拿来一张纸，画出三个小人，分别叫甲、乙、丙。“假设甲是卖鞋的，乙是卖糖的，丙是卖书的，他们中只有甲有 10 元现金。甲用 10 元去乙那儿买了一包糖，乙用得到的 10 元去丙那儿买了一本书，丙又用这 10 元去甲那儿买了一双鞋。这一圈下来，钱被转手了三次，大家一共买了 30 元的东西，但市场上却只有这 10 元在流通。所以，在货币数量不变的前提下，钱的流转次数越多，实际的交易量就越大。”

“因为我们是义卖，所以将这些物品变成代购币后就不能再继续流通，流转次数为一，于是总交易额就应该等于货币的实际数量。”

力欧意识到自己定下的那个等式是歪打正着地撞对了。

“你说得太对了！美国经济学家欧文·费雪（Irving Fisher）在 20 世纪初提出了著名的‘费雪交易方程式’：MV = PQ。这里的 M 是货币数量，V 是货币周转的次数，P 是平均价格水平，Q 是交易数量。这个方程式在宏观经济学中意义重大。”爸爸解释道。

“为什么呢？什么是宏观经济学？”力欧觉得自己似乎正在踏进一个新的世界。

“宏观经济学研究整个社会的经济活动。我们以前讲过的那些效用方程式、供给和需求如何影响价格是研究个人和公司的经济活动，属于微观经济学。”爸爸接着说，“货币数量和周转次数看上去和我们普通人没什么关系，但是这个交易方程式里有一个元素会直接影响到我们的生活。”

“平均价格水平？”力欧脱口而出。

“没错。你看看接下来几天由高年级班级运作的市场和今天会有什么不同。”爸爸好像已经胸有成竹。

力欧的疲惫这时已经一扫而光，心里充满了期待。还会有什么意想不到的状况发生呢？

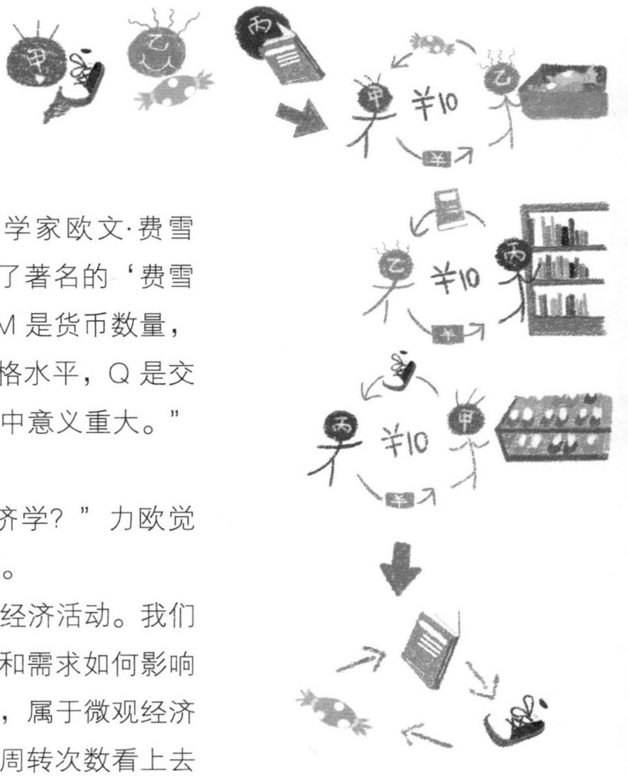

大家一共买了 30 元钱的东西，
但市场上却只有这 10 元钱在流通

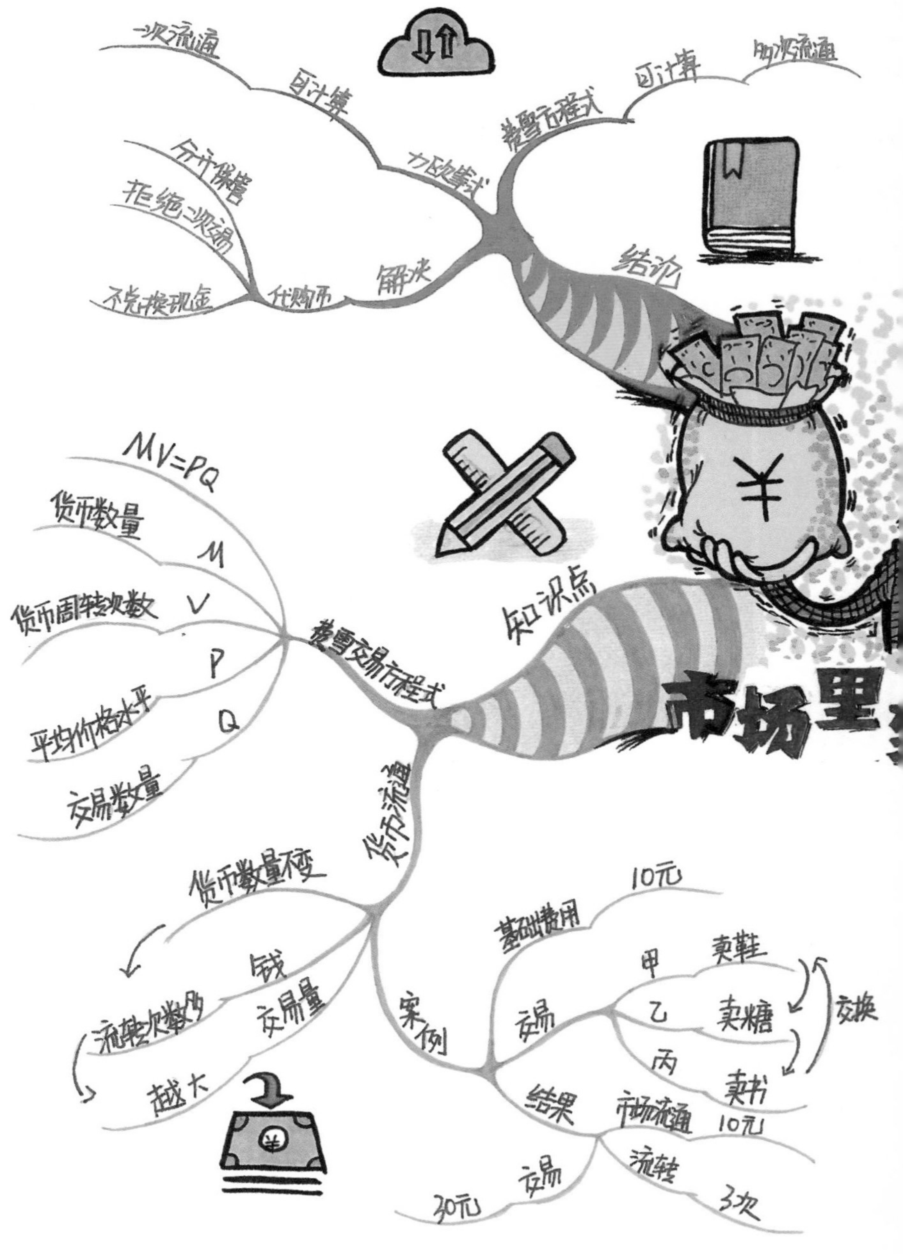
一次流通
可计算
货币方程式
可计算
多次流通
结论
分开保管
拒绝二次交易
不兑换现金
代购币
解决
MV=PQ
货币数量
M
货币周转次数
V
P
平均价格水平
Q
交易数量
货币交易方程式
知识点
市场里
货币流通
货币数量不变
钱
交易量
流转次数多
越大
案例
基础费用
10元
交易
甲
卖鞋
乙
卖糖
丙
卖书
交换
结果
市场流通
10元
交易
30元
流转
3次

思维导图

多少钱
背景信息
时间
放学后
周一
午饭后
地点
学校
家
人物
爸爸
力欧
依怡
事件
起因
捐赠活动
跳蚤市场
市场规则
活动安排
时间
午饭后
对象
各年级同学
代购币方案
1.价值
1代购币=1元
2.制度
基本单位
力欧负责
发放
制作
汇总
兑换
3.公式
发现问题
为什么?
代购币
当钱用
市场内
销售结果
结果≠预期
收现金
118元
总额
180元

东西怎么全都变贵了？

虽然宣布了新的规定，细心的皎怡为了保险起见，还为每个“收银员”发了个图章，要求他们在收到的代购币上盖上图章，表示已经流通过一次，不能再次进入市场。有了这样的辨识标志，收银和现金赎回的环节就不会出错了，于是星期一出现的那个漏洞被堵严实了。

接下来的两天，同学们带来义卖的东西品种越来越多，各种游戏棋牌、光盘、书籍、小玩意儿、小摆设，五花八门，琳琅满目。光顾市场的人越来越多，星期四的时候达到了高潮，因为那是五年级的主场！

代购币
代购币
已使用
不可进入市场
代购币
未使用
可进入市场
代购币

作为活动发起人，力欧和皎怡与各个班级的班委事先做了特别的准备。他们制作了几张大幅海报，提前一天贴在校园里的显眼处，并特别宣传了他们将会出售的自制糕点，配上让人垂涎欲滴的照片，吸引了好多同学在海报前驻足。

周四中午开市不久，大礼堂里就人头攒动。力欧暗暗庆幸自己想得周到，事先准备了特别多的代购币，否则货币供给的链条很可能会断裂！

大礼堂里弥漫着香甜的气息，皎怡深深地吸了一口气，咽了咽口水。她走到力欧跟前说：“今天我也要当回顾客！麻烦你给我换点钱，我要去买点东西。”

“我知道你想买什么！别忘了我们的战友情谊啊！”力欧也忍不住深呼吸了一下。

今天练摊儿的同学，皎怡大都认识。她一路走过去，在每个摊位前都停下来和摊主聊两句。五年级的同学显然比低年级同学更知道东西的价值，不会乱开“清仓价”，也不会那么轻易地接受讨价还价。皎怡从顾客的谈话中觉察到今天的市场行情和前几天不太一样。

“我周二来的时候买了支和这支差不多的笔，只要一半的价钱呢。”一个同学对旁边一个正在付钱的同学说。

“我今天问了好几个摊位，类似的笔差不多都是这个价。无所谓啦，反正我钱也带够了，就算多捐点儿款呗。”

“我好喜欢这个音乐盒呀，就是有点贵。”一个同学捧着个精巧的音乐盒爱不释手。

“我也很不舍得卖呢。还有一天跳蚤市场就结束了，过了这个村就没这个店了，走过路过不

要错过哦。”摊主乘机使劲吆喝，说得那个同学咬咬牙，把攥在手里的代购币都拿了出来，捧走了音乐盒。

皎怡淘了一套彩色铅笔，然后去糕点摊那儿买了两小块蛋糕，回到力欧那里，递给他一块：“给！馋死了吧？”

力欧两眼发光，接过蛋糕说：“太感动了！”

皎怡边吃边告诉力欧她刚才看到的情况，力欧不由得想起爸爸周一跟他说过的话。

借着糕点带来的人气，这天的销售额比前一天几乎翻了一倍，同学们带来的东西卖得所剩无几，力欧数钱数得兴高采烈。

一到家，力欧就叫住爸爸：“我们市场的发展你都预见到了？”

“怎么？真的涨价了？”爸爸笑眯眯地问。

“是啊，今天的东西普遍比前几天贵。你是怎么知道的？”力欧十分好奇。

“哦，这个现象在经济学里就叫‘通货膨胀’，也就是市场中大部分商品和服务都比以前贵。”爸爸解释道，“比如说，我小时候三分钱能买一根冰棍，现在需要两元钱，还……”

“还没有小时候的好吃！”力欧忍不住帮爸

费雪交易方程式：MV = PQ
M = 货币数量
V = 货币周转次数
Q = 交易数量
P = 平均价格水平

由于大卖场中货币只允许流通一次，所以
V = 1，是个常数
P = MV/Q
当 M 的增长大于 Q 的增长时，P 就上升了

爸把话说完，“爸爸，你说过一百遍了！怎么我说东，你扯西呢？”爸爸对那三分钱的冰棍念念不忘，夏天热了渴了的时候总爱提起。

“嫌我啰唆呀！”爸爸笑笑，“但我应该还没有跟你解释过‘通货膨胀’。经济学中有好多理论学派在研究这个现象，有多方面的原因可能导致通货膨胀。我就是猜想在你们后几天的市场中会出现导致通货膨胀的一个主要因素。”

“你先别说，让我想想。”力欧努力回忆爸爸那天提到的费雪交易方程式：MV = PQ。把方程式变形后就得到：P = MV / Q。因为货币只流通一次，所以 V 是常数，那么当货币数量 M 的增长大于交易数量 Q 的增长时，平均价格水平 P 就上升了。“你是觉得我们带入市场的货币会大大增加？”

力欧问爸爸。

“没错。会有更多的学生去光顾高年级市场，再加上你们的大力宣传和糕点诱惑，招揽的顾客多了，对商品的总需求量就大了，而且中高年级学生的零花钱会多一些，也可能更愿意捐款，所以我猜他们会在市场上花更多钱。这样由需求上升而导致市场中的货币数量大大增加，从而造成了整个市场的通货膨胀。”爸爸分析道。

“真的是这样。”力欧惊讶于所有这些因素环环相扣的影响，“那通货膨胀以后，同样数量的钱能买到的东西就少了。你小时候买一根冰棍的钱，现在只能买点冰渣子了。”

“是啊，今非昔比。你说的这个在经济学里叫‘购买力’。不过，那时候大部分人每个月只挣几十元，现在都挣几千元了，物质条件比以前好多了，所以实际购买力还是变强了。如果人们的收入没有和通货膨胀同步增长的话，那购买力就会下降，实际生活水平也就降低了。所以，政府都很担心持久的高通货膨胀率，至于怎么控制，那就很复杂了。”爸爸没再继续深入解释下去。

力欧没想到自己的一个尝试让他一脚踏入了宏观经济学领域，在接触到更有趣的话题的同时，

义卖圆满成功

脑子却也越来越绕了！

周五，六年级的市场顺利结束。所有的钱款和记录都核对准确后，力欧统计出这次义卖的成果：两千多元的捐款！这在贵州当地应该能买到不少东西了吧。大家都感觉棒极了！

皎怡对力欧说："看来，钱除了有很多细菌，当中的学问还真不少。很高兴和你一起"工作"，我觉得自己也快成半个经济学家了。"

力欧竖起大拇指对皎怡说："你对市场的细致观察也十分重要，我们俩简直是完美搭档！"

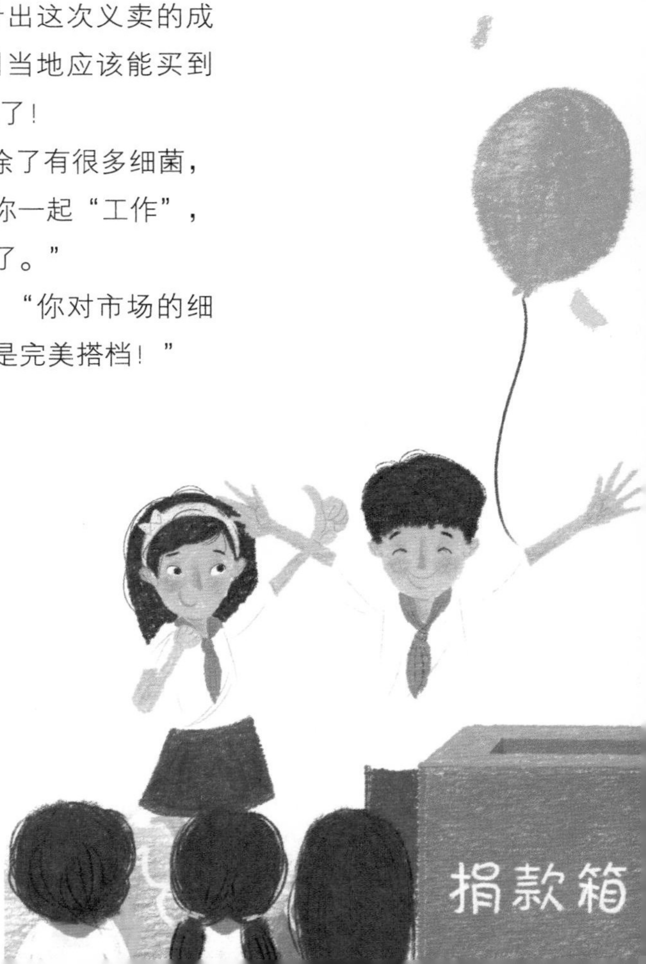

思维导图

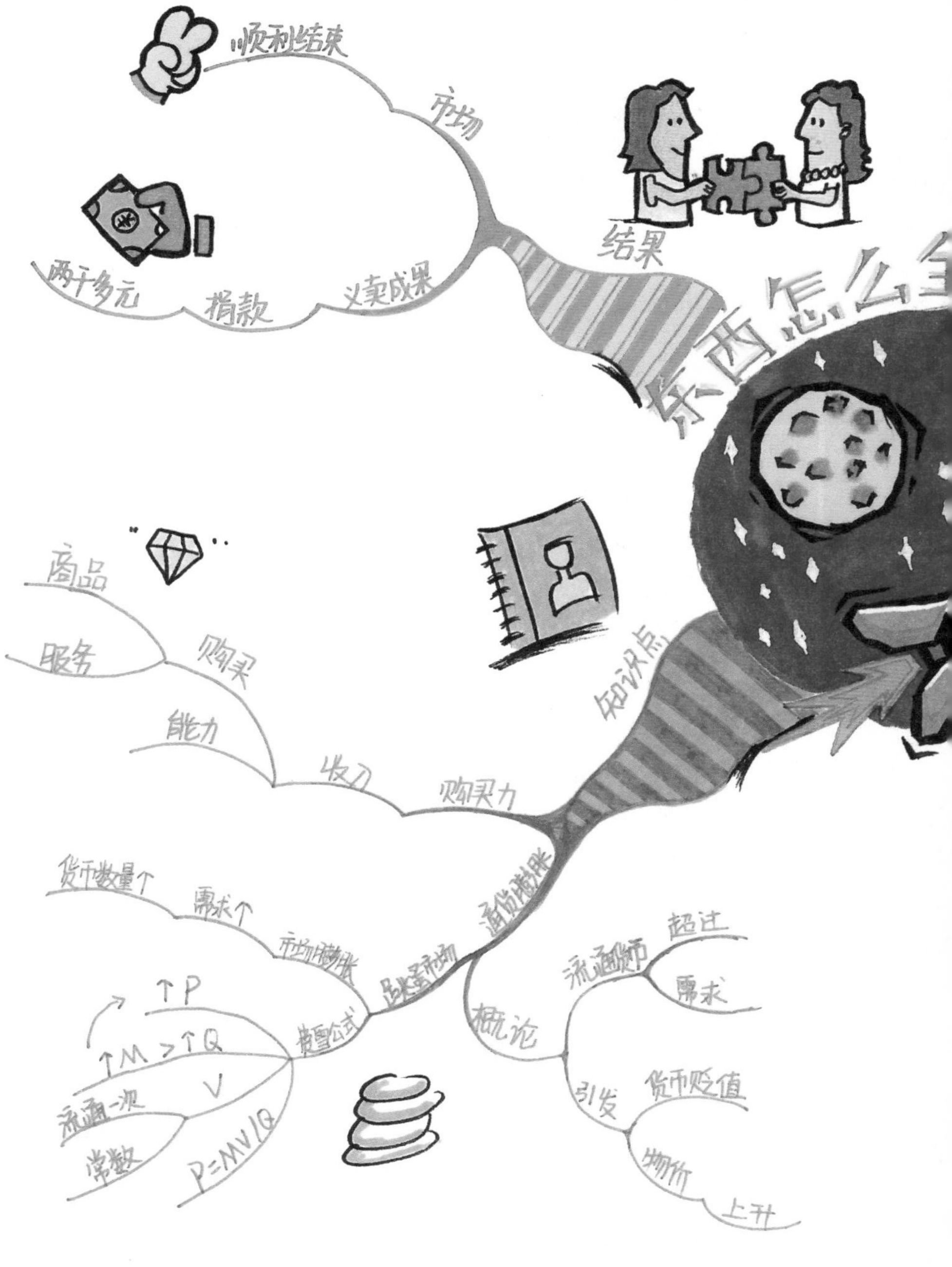

东西怎么
结果
市场
顺利结束
两千多元
捐款
义卖成果
知识点
购买力
收入
能力
购买
商品
服务
通货膨胀
总需求市场
市场膨胀
需求↑
货币数量↑
典型公式
↑P
↑M > ↑Q
V
流通一次
常数
P=MV/Q
概论
流通货币
超过
需求
引发
货币贬值
物价
上升

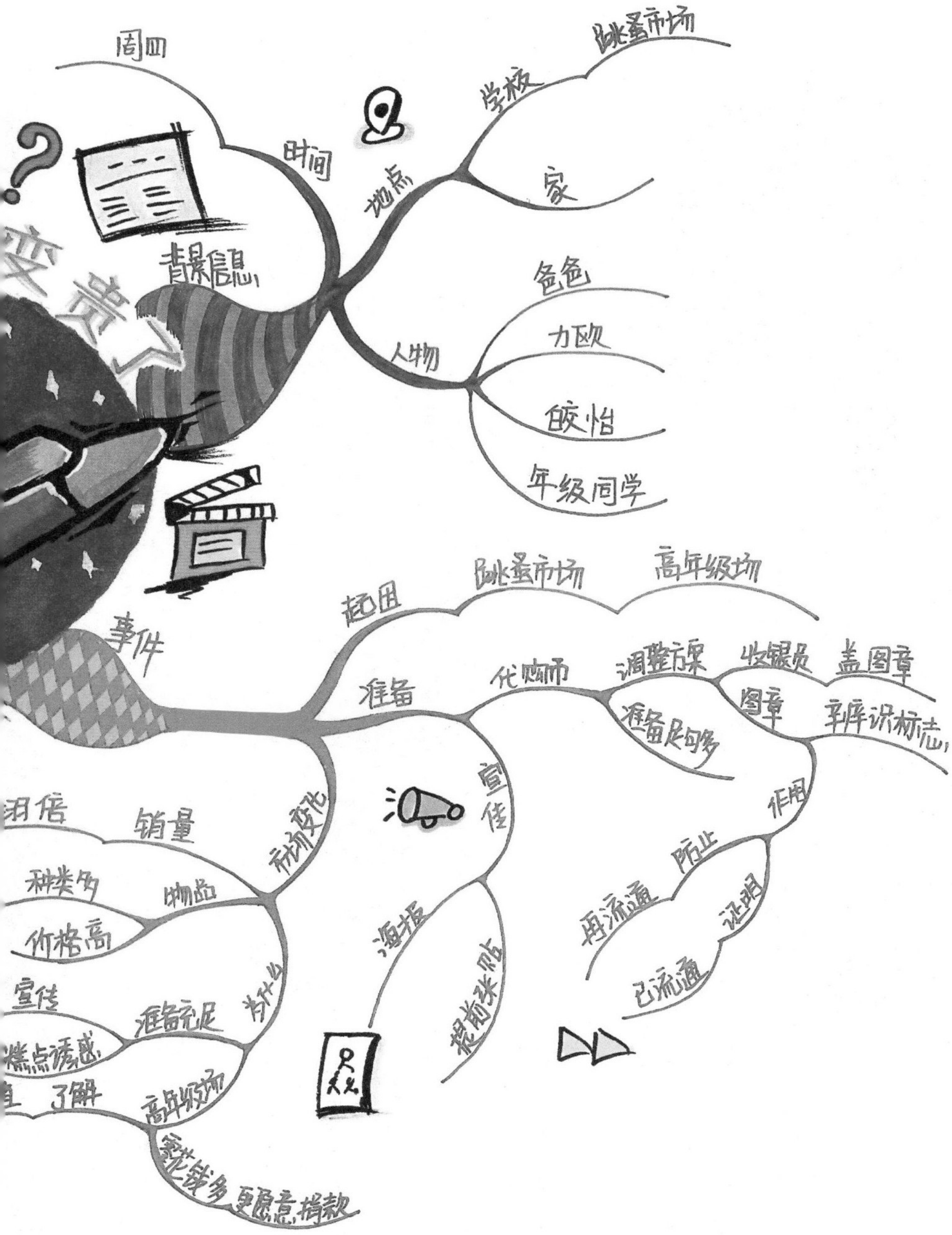
背景信息
时间
周四
地点
学校
跳蚤市场
家
人物
爸爸
力欧
皎怡
年级同学
事件
起因
跳蚤市场
高年级场
准备
代购币
调整方案
收银员
盖图章
图章
辨识标志
准备足够多
作用
防止
再流通
证明
已流通
宣传
海报
提前张贴
市场变化
销量
翻倍
物品
种类多
价格高
为什么
准备充足
宣传
糕点诱惑
高年级场
了解
零花钱多
更愿意捐款

银行
钱生钱

银行是怎么赚钱的?

力欧的妈妈正在聚精会神地看电视里新闻报道中有关利率调整的事。

对于这个报道，力欧有些困惑："妈妈，关于银行和利率，我有些不太明白。"

"哦？"妈妈转过脸。

"我知道商家是通过卖东西或服务来赚钱的，当售价高于成本时就会有利润。但是银行出售的是什么？银行和客户之间是怎样交易的？它是怎么创造利润的？利率是什么东西？"力欧把心里的疑问一股脑儿地倒了出来。

"有没有想过你的压岁钱去哪儿了？"妈妈并没有直接回答。

"在银行呀。"

"是躺在银行里睡大觉吗？"妈妈笑着问。

"呃……我一直以为把钱放在银行是因为那里比较安全，不会被偷。那我们需要付给银行保管费吗？银行就靠这个赚钱？"力欧总觉得爸爸在银行的工作十分复杂，应该不仅仅是保管钱这

么简单吧。

妈妈关了电视机，让力欧跟她来到书房，打开电脑，登录银行个人的网站。

“这是你压岁钱的账户，这里是交易记录。你看看发生了什么？”妈妈从网站上调出这个账户过去一年的记录。

力欧注视着屏幕上的信息，看得一头雾水。“除了春节的时候存进去的数额，为什么还会有其他的变化？我看不懂。”

“因为你的钱并不是在银行里睡大觉，它还在生钱。”妈妈指着屏幕上的一条记录说，“你看，这是上个季度的利息收入；下面这个交易是我把一部分数额转出去买了理财产品，因为这种产品能创造更高的收益。”

“等等，你是说树上真的能长钱？”力欧半开玩笑半认真地问妈妈。

“你这小家伙！”妈妈平时老喜欢用“钱又不是从树上长出来的”来告诫力欧挣钱不容易。

“树上不会长钱，但钱确实能生钱。你放在银行的钱实际上是借给银行的，所以银行要付给你利息作为报酬。”妈妈解释道。

“什么？银行为什么要向我借钱啊？”力欧大吃一惊。

“因为这些钱可以用来赚钱！”妈妈一边说一边在纸上画图，“你看，市场里有很多像你一样的人，手里有多余的钱，暂时不需要使用。同时，市场里又有很多企业需要用钱购买原材料、雇用员工、租借工作场地来生产运营；或者有些人需要钱来支付大笔的开支，比如房子、车子。银行就是个中间人，把一些人闲置的钱分配到需要钱的地方。”

“你是说银行把我的压岁钱借给别人或者公司了？”力欧觉得这种关系太不可思议了！

“是的。所以银行要给你利息作为补偿。”

“什么是利息？为什么要补偿我？”力欧不解地问。

“我们可以从好几个角度来理解利息的含义。一个是钱的时间价值。一般来说，同样数额的钱，现在消费给我们带来的效用比将来消费给我们带来的效用更高。你把钱借给银行，那你现在就无法消费这笔钱，利息可以看作是银行补偿你因延迟消费而减少的效用，这就是钱的时间价值。”

力欧想，每个人的效用方程式

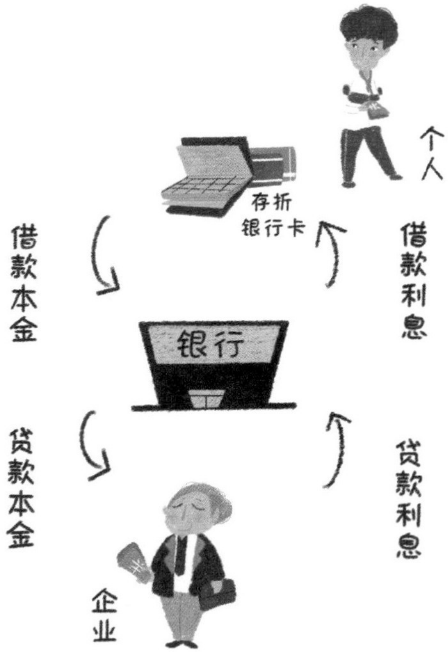

都不同，钱的时间价值对每个人也不一样吧。

“另外一个角度是机会成本。”妈妈继续说，“机会成本就是你选择做一件事而放弃做另一件事可能获得的收益。比如说你把 1 万元借给银行一年，你就无法用这 1 万元干别的事了。如果你不把它借给银行，你可以用这笔钱去开个小卖部，一年后可能会赚几千元，这几千元就是你失去的机会成本。所以利息也可以看作是银行对你的机会成本的补偿。”

力欧努力理解妈妈说的这些新概念。他又想到了爸爸小时候喜欢的三分钱一根的冰棍。“妈妈，利息也和通货膨胀有关吧。如果银行不补偿利息，今天的 1 万元到两年后，能买的东西就可能会因为通货膨胀而变少，那可就亏了！”

“没错！利息确实和通货膨胀息息相关。”妈妈说。她停顿了一会儿，笑着问力欧：“我到现在都还没解释银行怎么赚钱呢。你能猜出来吗？”

“让我想想。”力欧看着妈妈画的图，自言自语，“当银行从储户那里借到钱后，再把钱分配给需要钱的企业和个人。那这些企业和个人也应该给银行利息吧。”

“是的！”妈妈兴奋地说，“银行

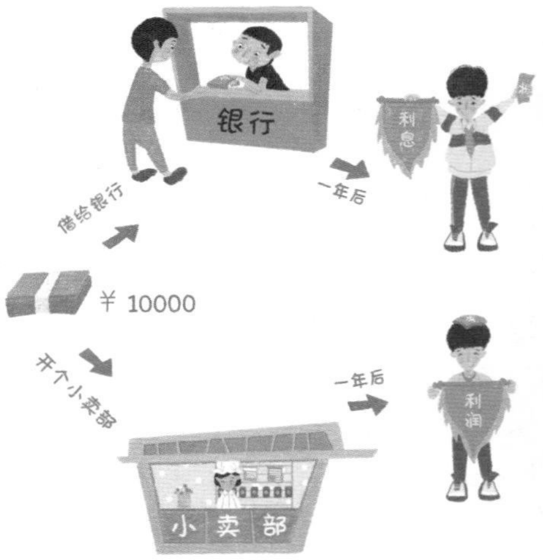

付给储户的利息是他们获得资金的成本，而收到的利息是他们利用资金获得的收入。当收入高于成本的时候，银行就有利润了。”

“利率用百分比表示，体现一定时间内的利息水平。银行给储户的利息与储户借给银行的钱之间的比率叫借款利率，向企业收取的利息与分配给企业的资金之间的比率叫贷款利率，贷款和借款的利息之差就是银行的利润。”妈妈用箭头在图上表示资金的流动并列出下面的公式：

本金 × 利率 = 利息（本金指贷款或借款金额）

（贷款金额 × 贷款利率）–（借款金额 x 借款利率）= 利润

“原来是这样！”力欧感叹，“这对我来说又是一门新的学问！”

“这就是金融，是有关货币流转、资金配置的学问。”妈妈说道。

“闲置的钱除了借给银行，还有什么别的方法可以生钱呢？”力欧对钱生钱的方法产生了很大的好奇心，这似乎要比生产产品或提供服务来得容易，和树上长钱差不多呢！

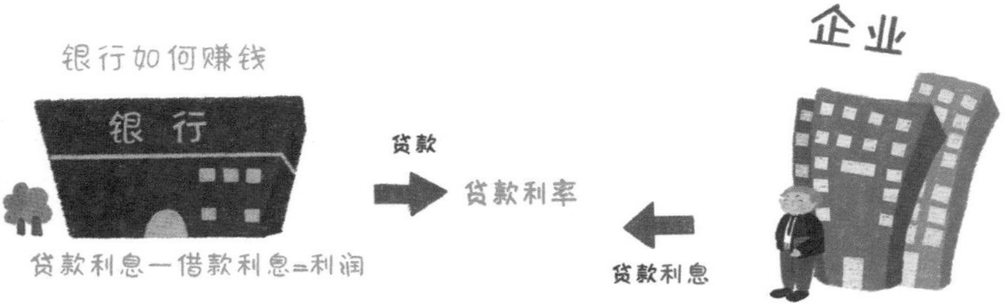

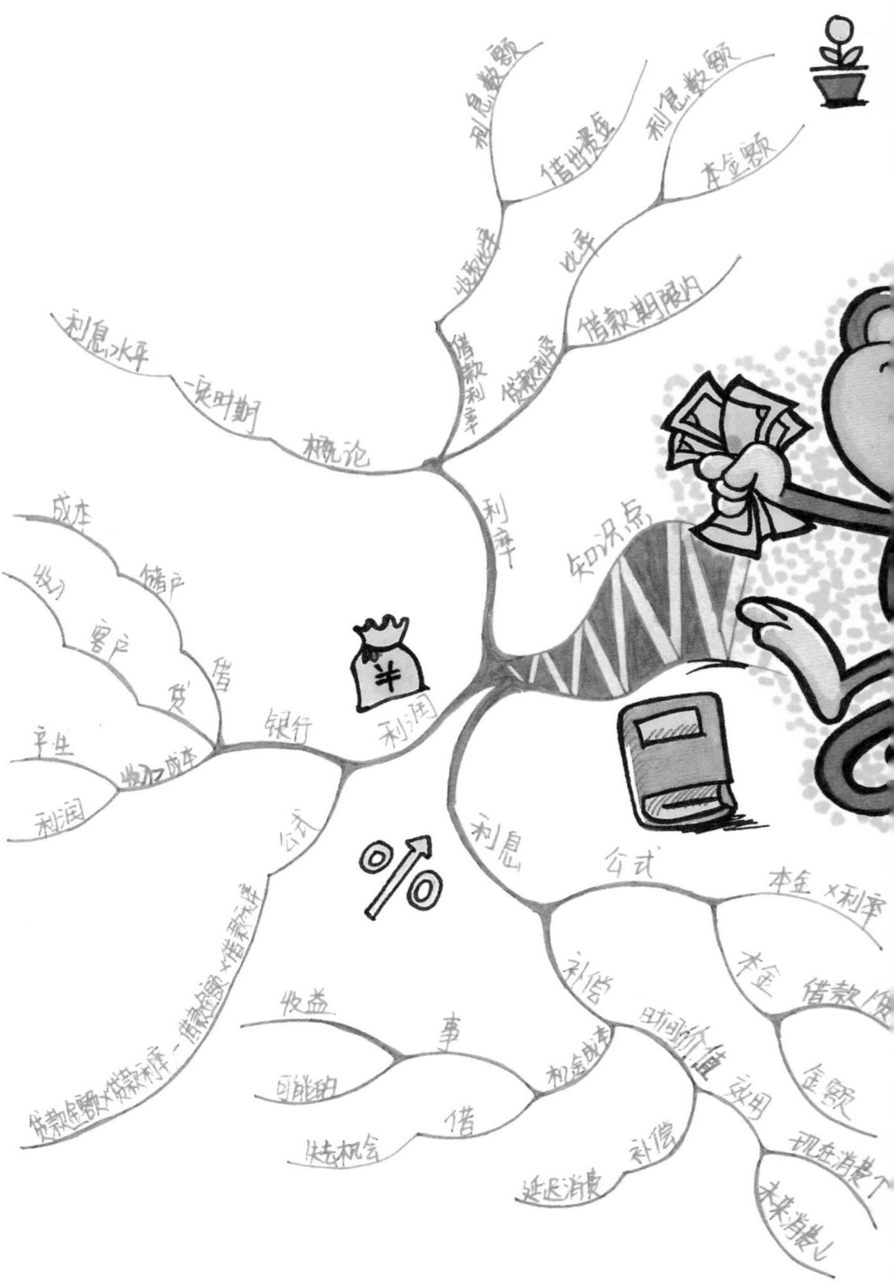
利率
知识点
概论
一定时期
利息水平
借款利率
收取比率
利息数额
借出资金
贷款利率
比率
利息数额
本金额
借款期限内
利润
银行
收入成本
产生
利润
贷
借
客户
储户
投入
成本
公式
贷款金额×贷款利率－借款金额×借款利率
利息
公式
本金×利率
补偿
本金
金额
时间价值
机会成本
事
收益
可能的
借
失去机会
补偿
延迟消费
效用
未来消费

思维导图

行
么赚钱的
背景信息
地点
家
人物
妈妈
力欧
事件
NEWS
新闻
利率调整
压岁钱
使用
银行
储蓄
利息
理财产品
创收
为什么
银行
借
贷
储户
客户
企业
生产运营
个人
支付开支
原因
赚钱

投资者的“饼”

爸爸带着一身的寒气踏进家门。

“爸，你终于回来了！”力欧迎到门口。

“等我呀？什么事？”爸爸进屋后赶紧凑到了暖气片上。

“我终于弄明白你们银行是怎么挣钱的了！”力欧得意地显摆自己刚从妈妈那里学来的理论。

“你真行呀！但我猜你还有别的问题。”

力欧点点头：“除了借钱给银行，还有什么别的方法能让钱生钱？”

“我看你这个脑袋瓜是钻到钱眼儿里了！”

爸爸笑着把力欧拉到沙发上坐下说，“是这样，把钱借给别人以赚取利息的时候，你是‘债权人’。另外一种用钱生钱的方法是当‘投资人’。”

“你已经明白一个企业的运营需要资金。”爸爸接着说，“这个资金除了来自创办人自己的积蓄或者银行贷款，还可以来自投资者。和债权人不同的是，投资者出钱得到的回报是企业的股份，以及按照股份的比例所分配的利润。”

“投资者？股份？”力欧一脸茫然。

爸爸赶紧换了个说法：“比如说你要开个小卖部。为了让这个小卖部开张，你需要 10000 元来租场地、购置东西，但是你只有 6000 元积蓄。一方面，银行不会借钱给你做这种小生意；另一方面，你也不敢借钱，因为不知道自己能否赚到足够的钱来还贷。这时候，你要从哪儿去获得所需要的 4000 元呢？”

“你给我咯！”力欧打趣。不过，按照爸爸的逻辑，一定和投资者有关。

果然，爸爸说：“我可以给你，但不是白送，而是投资。我作为一个投资者给你提供 4000 元启动你的小生意，于是我就占有你的小卖部 40% 的股份。”

“股份是什么意思？”力欧问。

“股份就是所有权，这意味着我们俩共同拥

有你的小卖部——你拥有 60%，我拥有 40%。以后你的小卖部赚了钱，利润的 60% 归你，40% 归我。如果你后来把小卖部卖给了别人，所得到的钱要分给我 40%，你得到 60%。”爸爸在纸上画出一个饼，并把饼按四比六的比例划分开。

“原来是这样啊！”力欧的思路逐渐清晰起来，“那我不也是投资者吗？和你的角色有什么区别吗？”

“这是个好问题！”爸爸想了想说，“我们的区别在于，你出钱又出力，而我只出钱不出力。你既是投资者又是经营者，而我只是投资者。投资者只靠投入资本来获得收益，也就是让钱生钱。经营者需要付出时间、精力等。”

“你啥活儿都不用干，而我估计得累死，这好像不太公平啊。”力欧说。

“你很有企业家天分嘛！”爸爸有些惊讶，“作为经营者，一般的回报就是工资收入，所以你可以每个月为自己发工资。”

“如果我不给自己发工资呢？这钱还是省下来用在小卖部的运营上吧。我住在家里，平时也不需要花什么钱。”力欧盘算着。

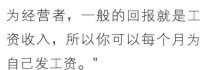

“如果你决定以后都不拿工资，那我们俩可以商量重新分配股份。三七开怎么样？你 70%，我 30%。”听上去爸爸像是真的在进行商业谈判。

“等等，”力欧又想到了什么，“如果亏钱呢？如果我的小卖部倒闭了呢？”

“那股份拥有者也要按股份比例共同承担损失，你 70%，我 30%。”爸爸说。

力欧倒吸一口冷气，看来不能只想着赚钱的好事呀。

“其实，钱生钱还有个更大的秘密！”爸爸故作神秘地说。

“什么什么？快点告诉我！”力欧迫不及待。

爸爸看了看窗外，空中飘起了雪花，越来越密。“力欧，你瞧，今年冬天的第一场雪看来不小呀，说不定明天就可以堆雪人了。咱们明天再聊吧，我已经‘饥寒交迫’了。”爸爸摸了摸肚皮。

力欧兴奋地走到窗边：“雪好大呀！明天是周末，可以在雪里玩个痛快！”

但是，那个更大的秘密是什么呢？

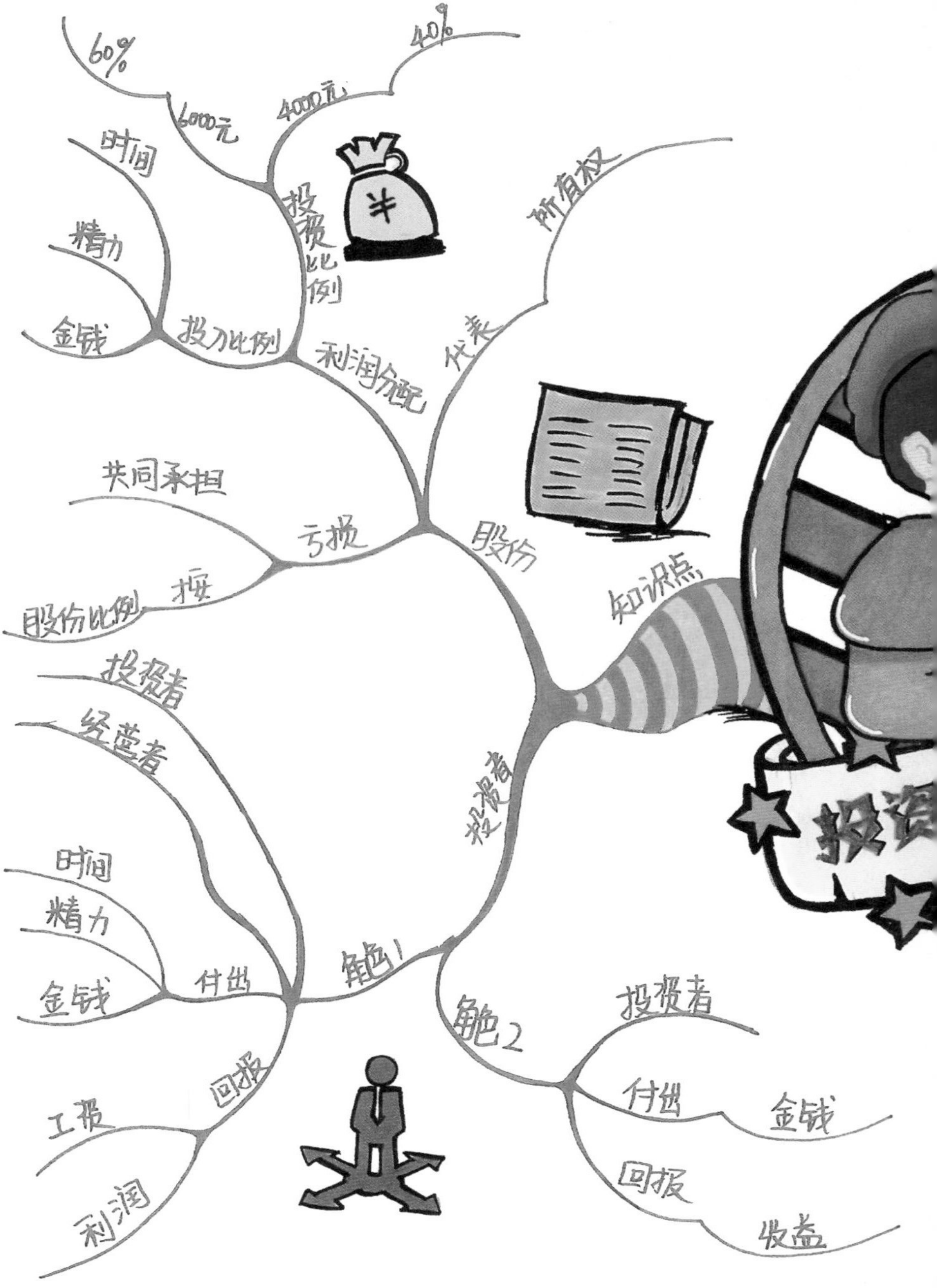
60%
40%
6000元
4000元
投资比例
时间
精力
金钱
投入比例
利润分配
所有权
代表
共同承担
亏损
按
股份比例
股份
知识点
投资者
经营者
投资者
时间
精力
金钱
付出
角色1
回报
工资
利润
角色2
投资者
付出
金钱
回报
收益
投资

背景信息
地点
家
人物
爸爸
力欧
事件
钱生钱
债权人
借
别人
赚
利息
投资人
投资
回报
股份
利润
讨论
投资人？
股份？

“滚雪球”的复利

力欧刚睁开眼就立刻拉开窗帘。经过一夜的飞雪，外面已经银装素裹。雪后的天空湛蓝如洗，灿烂的阳光映照着冬日的凛冽。

力欧从床上跳下来，并闪电般地洗漱完毕，来到客厅：“爸爸，我们出去吧！”

“恭候你多时了。”爸爸笑呵呵地从沙发上站起身，和力欧一起将自己从头到脚全副武装，出门去了。

几个回合的雪仗过后，他们开始滚雪球。不一会儿，雪球越来越大，越来越重。“要是让这个雪球从山顶滚下去，等它到山脚下时就会变成一个庞然大物，也许比我都高呢！”力欧兴奋地说。

“其实啊，滚雪球就是钱生钱最重要的秘密。”爸爸笑着说。

力欧想起来爸爸昨晚卖了个关子，本打算今天接着问，没想到他现在就扯到这上面了！

“什么意思？”力欧问。

“雪球是最好的比喻了。”爸爸解释道，“当雪球在山顶上的时候，相对较小。我们假设它是你放到银行的一笔存款，也叫本金。当雪球滚过一圈后，新沾上的一层雪可以被看成是利息。”

联想到妈妈前几天告诉他有关本金和利息的概念，力欧点点头。

“重点来了哈！”爸爸得意地说，“在雪球继续滚的时候，它已经比刚开始的时候‘胖’了

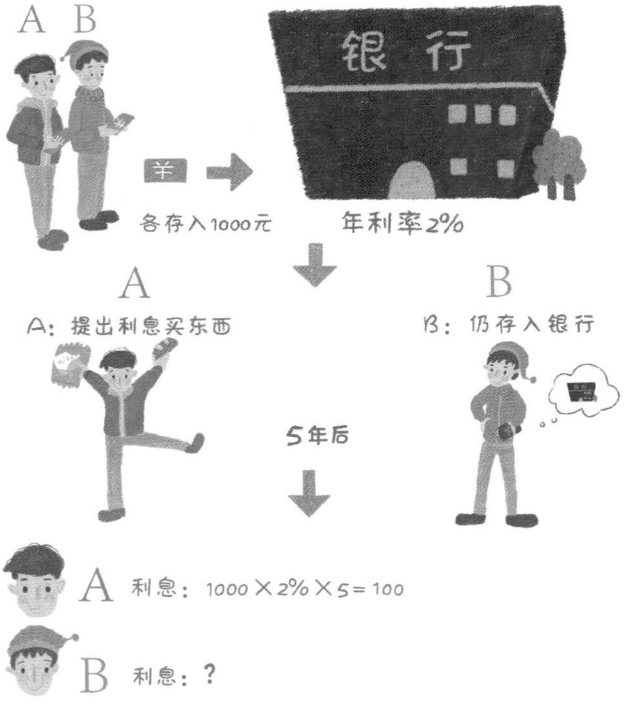

一圈，表面积变大，所以滚下一圈时能沾上更多的雪。同样，当你获得第一笔利息后，这笔利息会加入到本金中去，能够在下个周期产生利息，这样不断持续下去，你的存款总额就越来越大。这个机制叫作‘复利’，就是利上加利，是钱生钱的法宝！”

“利息变成本金……利息产生利息……”力欧想象着从山坡上滚下来的雪球，似乎有点懂，但又不是完全明白。

“别担心，回去给你举个例子算一下，你就会清楚了。”爸爸把雪球推到一边，搂着力欧的肩膀说，“走，回去吃早饭。”

几个包子下肚后，爸爸找出一大张白纸。

“咱们来看看这样一个情景：A 和 B 两个人都有 1000 元，并在同一天存入银行。假设存款年利率是 2%，每年年底结算一次。A 喜欢在年底的时候把利息从银行里提取出来，然后给自己买点东西吃；B 选择完全不去碰存款，就让它放在银行。5 年后，他们同时把所有的存款都取出来。你能算算这 1000 元分别给 A 和 B 生出了多少利息吗？”

力欧马上拿起笔在纸上算起来。

A 的利息计算非常简单：1000 × 2% × 5 = 100 。也就是说，5 年里，A 的 1000 元生出了 100 元的利息。

等到计算 B 的利息时，力欧迟迟无法下手。爸爸拿起笔，在纸上画出一条时间线：“我们一年一年地算吧。”

“在第一年年末的时候，B 的银行账户里有多少钱？”爸爸问。

“1000 × 2% + 1000 = 1020。”力欧很快给出答案。

“没错，所以从第二年年初开始，B 的存款额变成了 1020，这就是第二年的本金。你再算算第二年年末的时候，B 的银行账户里应该有多少钱？”

“本金变成了 1020，一年之后就是：1020 × 2% + 1020 = 1040.4！”力欧看着小数点后面的 4，

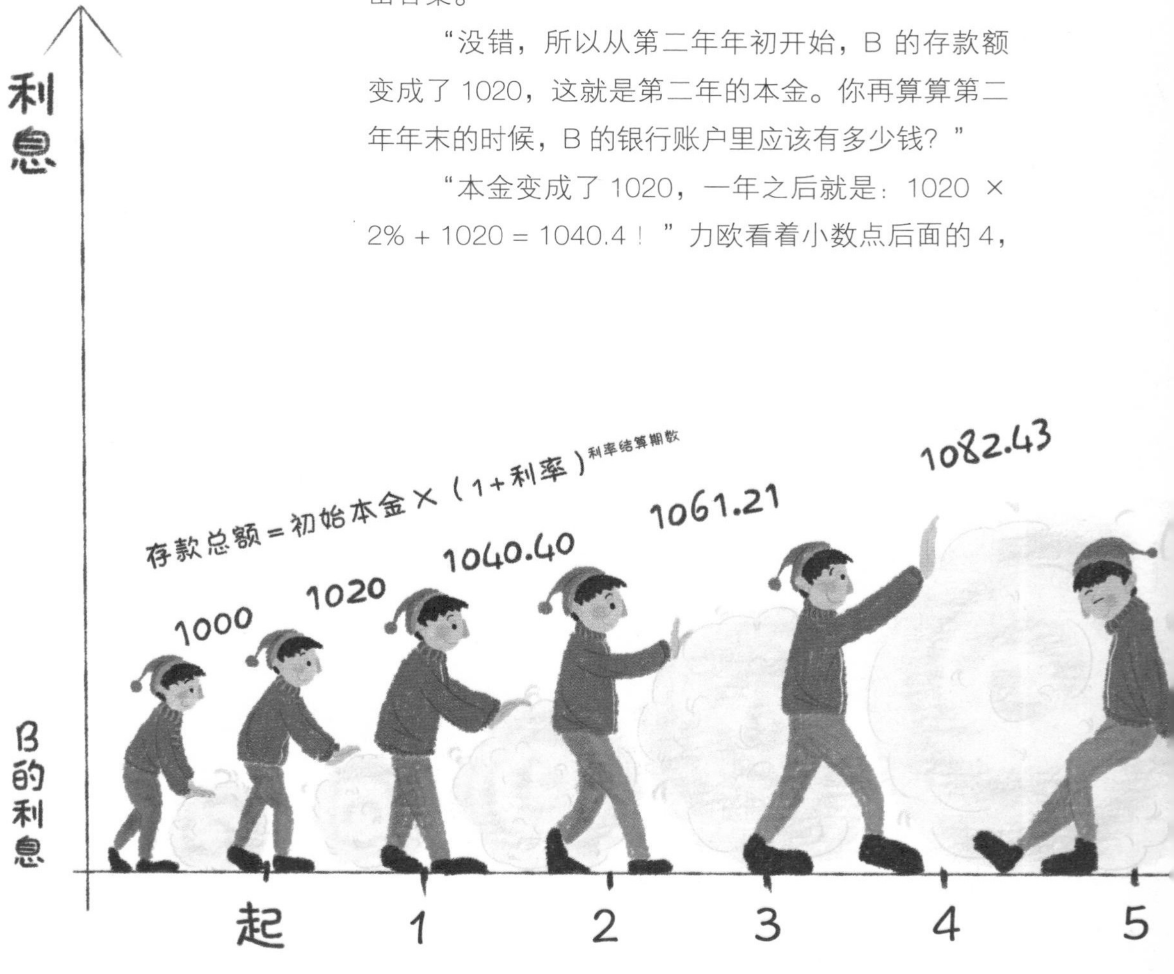

兴奋地叫起来，“雪球开始变大了！”他马上以此类推，在时间节点上填出了每一年年末时的存款总额：“5 年之后，B 的 1000 元产生了 104.08 元的利息，比 A 多了 4 元多。但是这个区别不是很大呀，我可能宁愿把钱取出来买好吃的。”力欧觉得食物给自己带来的效用可能比这多出来的 4 元带来的效用大。

“嗯，确实不太多。但是如果利率或者年数增大，情况就很不一样了。把你刚才的计算提炼成公式就是：存款总额 = 初始本金 ×（1 + 利率）^{利率结算期数}

“需要说明的是，如果利息是每年结算一次，那计算的时候就用年利率和年数；如果利息每季度结算一次，那就用季度利率和季度数，以此类推。

“当利率上升或者存款时间加长时，雪球效应就更加明显。你试试将上面例子中的存款期限变成 10 年，会得到什么结果？”

力欧找出计算器，运用爸爸的公式算出 B 在第 10 年年末的存款额是：$1000 \times (1+2\%)^{10} \approx 1218.99$。而 A 所获得的存款总额是：$1000+1000 \times 2\% \times 10=1200$。

年利率 2%，5 年后的利息差距：$(1104.08-1100)/(1100-1000) \approx 4\%$。

年利率 2%，10 年后的利息差距：（1218.99 – 1200）/（1200 – 1000）≈ 9%。

随着存款时间加长，他俩所获利息的差距拉大了。5 年后，B 比 A 多产生了大约 4% 的利息，而 10 年后，B 比 A 多产生了大约 9% 的利息。

“你再试试保持年数不变，但把年利率提高到 5%。”爸爸建议道。

力欧飞快地按着计算器。

B 的存款总额：1000 ×（1 + 5 %）^{5}≈1276.28。

A 的存款总额：1000 + 1000 × 5% × 5 = 1250。

（1276.28 – 1250）/（1250 – 1000）≈ 11%。

“哇！ 5 年后 B 比 A 多产生了大约 11% 的利息！这太神奇了！”力欧叫道。

“所以想要得到更多的利息，利率越高、存款时间越长越好。”力欧自言自语。

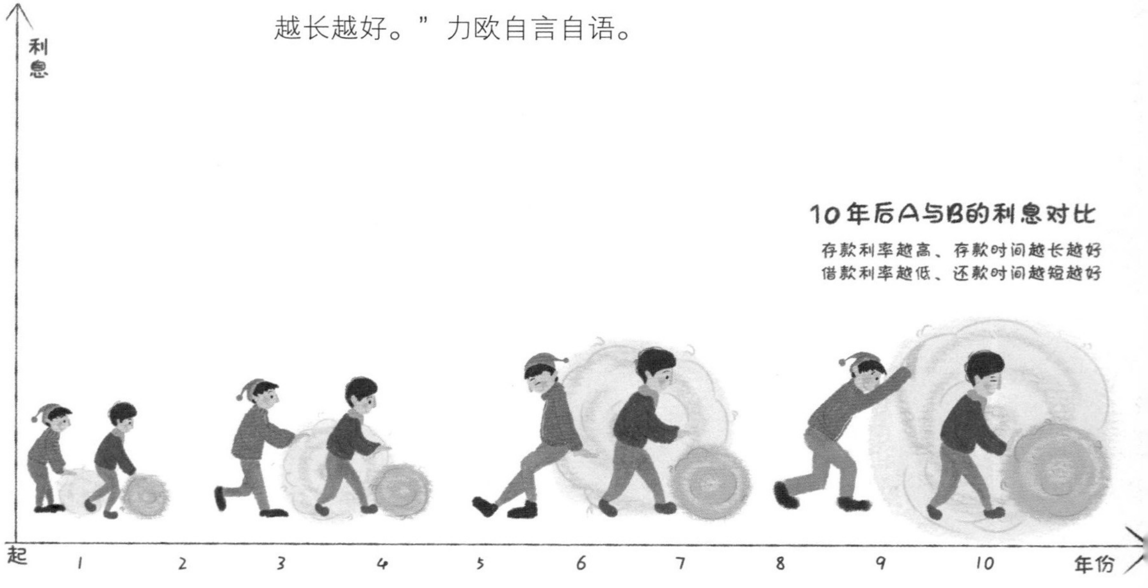

“推理完全正确！”爸爸向力欧竖起大拇指，“我们刚才都在算存款。如果 A 和 B 是向银行借款，情况会怎么样？”爸爸又问。

“我猜借款也会滚雪球……”力欧不太确定。

“没错，是一样的计算方法。那怎么样才能少付利息呢？”爸爸接着问。

“反着来，尽量找低利率的借款，然后尽快还钱。”力欧答道。

爸爸点点头：“如果 A 和 B 不是把钱存到银行，而是投资到小卖部，他们的钱能生多少钱呢？”

看来爸爸不把我问倒不罢休呀，力欧暗想。

“这个情况下，能生多少钱说不好吧。也许小卖部亏钱，也许赚很多钱。”力欧继续守住阵脚。

“小伙子，你不简单啊，快成为一个小小经济学家了！”爸爸乐呵呵地说，“所以，钱虽然可以像滚雪球般越滚越多，也可能一不小心就掉入深渊。”

经过这一上午烧脑的讨论，力欧觉得自己已经没有力气去想象深渊了。

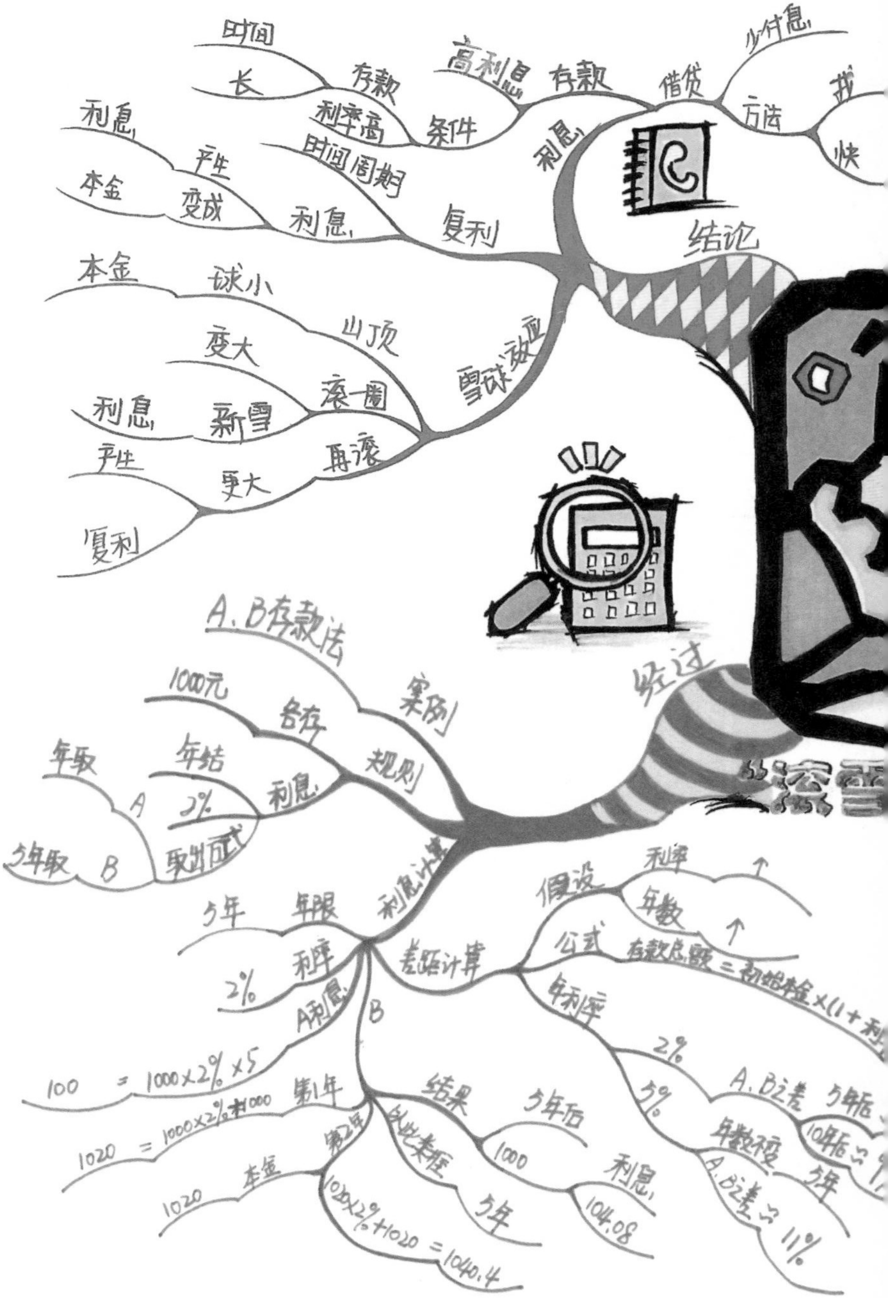
时间
长
存款
高利息
存款
借贷
少付息
方法
找
快
利息
利率高
条件
产生
时间周期
本金
变成
利息
复利
结论
本金
球小
山顶
变大
雪球效应
滚一圈
利息
新雪
产生
再滚
更大
复利
A.B存款法
1000元
各存
案例
规则
经过
年取
年结
A
2%
利息
5年取
B
取出方式
利息计算
利率
5年
年限
假设
年数
公式
存款总额＝初始本金×(1＋利
差距计算
2%
利率
A利息
B
年利率
2%
100 ＝1000×2%×5
第1年
结果
5年后
5%
A.B之差
1020 ＝1000×2%＋1000
第2年
以此类推
1000
年数延
10年后
1020
本金
利息
5年
1020×2%＋1020 ＝1040.4
5年
104.08
A.B之差
11%

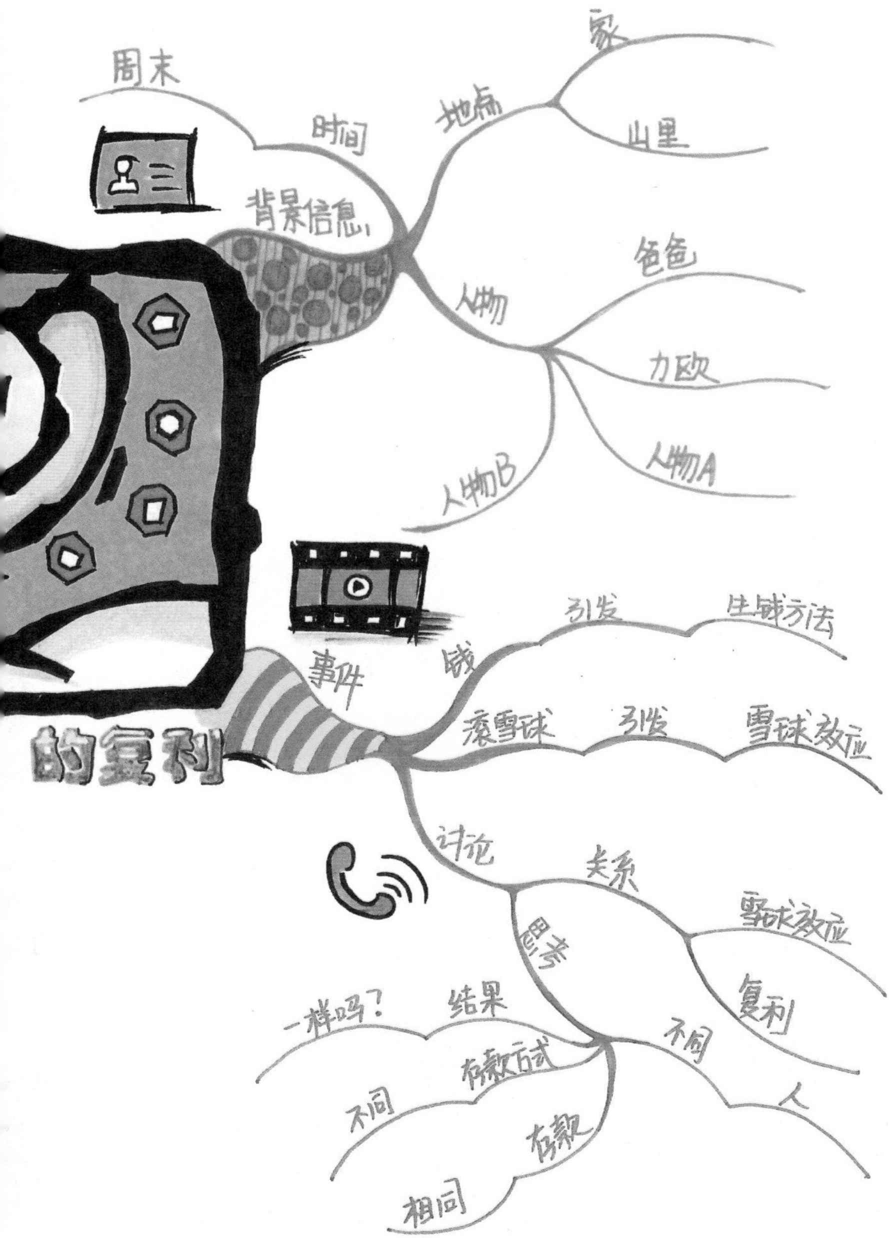
周末
时间
家
地点
山里
背景信息
爸爸
人物
力欧
人物A
人物B
的复利
事件
钱
引发
生钱方法
滚雪球
引发
雪球效应
讨论
关系
思考
雪球效应
复利
不同
人
结果
一样吗？
存款方式
不同
存款
相同

股票是把双刃剑
可以使人迅速致富
也会让人生活一团糟

证券市场的深渊

晚饭后，力欧看到爸爸皱着眉头、神情凝重地看着电视。原来，经济新闻里在说股市，屏幕上出现各种曲线，镜头里被采访的人显得十分紧张。妈妈也摇摇头说："这真是一场股灾呀！多少家庭要遭殃了！"

力欧终于忍不住问："爸爸妈妈，发生了什么严重的事情？什么是股市？"

"说来话长。"爸爸迟疑了一下，又说，"不过也好，趁现在这个机会跟你解释，也许更容易理解。"

力欧在爸爸身边坐下，隐约觉得这会是一堂不同寻常的课。

"我们还用小卖部作例子。假设你开的小卖

部经营得非常出色，需要扩张。你需要投入很多资金去租赁场地、购买货物和雇用员工。这时，你如何去获得这些资金呢？”

力欧沉思片刻，试探地说：“可以用以前赚的钱，或者向银行借钱，或者让投资者再多投些钱。”

“没错。但是如果过去的利润不够支持你的扩张计划，你又怕利息负担太重，不想从银行借太多钱，而现有投资者的资金也有限。这时候，股市就是另一个让你筹集大量资金的地方。在股市里，任何人都可以通过购买你公司的股票成为你公司的投资者。”爸爸说。

“任何人？他们又不认识我，为什么想要成为我的投资者？股市是个什么样的地方？股票又是什么东西？”力欧觉得这当中有很多玄机，有点不可思议。

“妈妈之前讲过，银行就像个中间人，把别人手里闲置的钱给需要钱的企业用。”妈妈接过了话茬，“想象一下，如果银行这个中间人不存在了，人们可以怎样把数额不大的闲钱直接给企业用，并得到报酬呢？”

力欧想了想，脑子里一片空白。

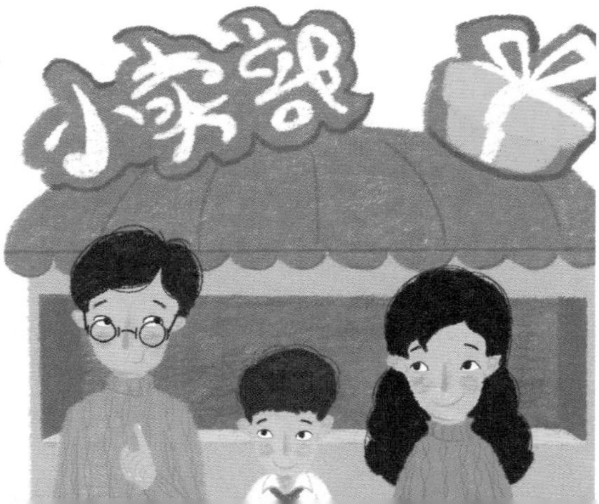

需投入资金扩张

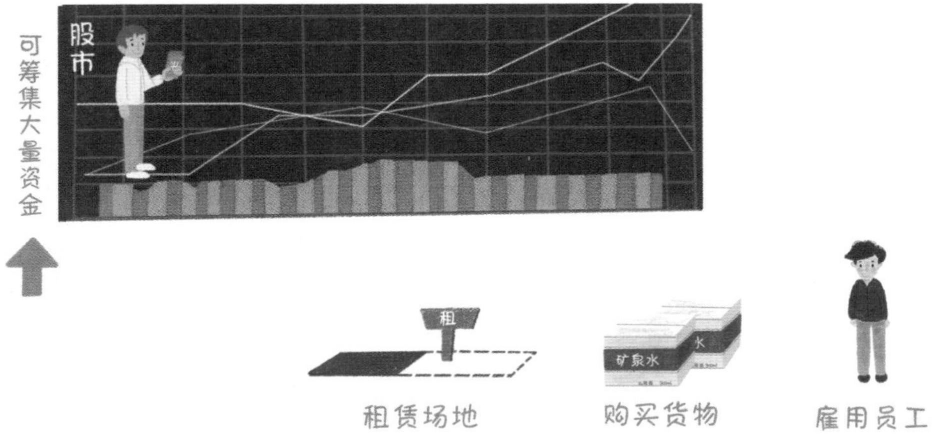

“人类有一个很聪明的发明——证券。证券和钱有点像，它是一种承诺的凭证。钱给予了持有者能够换取同等价值的物品或服务的承诺，而证券则是对持有者拥有某种所有权的承诺。某些公司可以发行两种证券：一是债券，二是股票。人们如果买债券，那就相当于借钱给企业，成为他们的债权人，企业有义务按照债券的条款偿还本金和利息；如果买股票，那就相当于给企业投资，成为他们的股东，也就是拥有企业一部分所有权。证券的面额比较小，普通人可以随意购买自己所需要的数量。人们进行债券交易的场所就是债券市场，进行股票交易的场所就是股票市场，简称股市。以前，债权和股票都是纸质凭证，现在都是电子交易。”妈妈一口气说了一大堆，力欧有些蒙了，他默不作声，脑袋里在努力消化这些概念。

“所以，债券和股票就是把一个公司的债务和所有权分割成很多份，然后卖给很多人？这样的话，一个公司可以有很多债权人和投资者，一个人也可以借钱或者投资给很多家公司……”力欧似乎思考出了些眉目，“但是，和把钱存在银行相比，买证券有什么好处呢？大家怎么决定买哪个公司的证券？”

“你这个问题问得太好了！”爸爸忍不住插进来，“当我们把钱存进银行时，除了银行倒闭这种罕见的情况，我们几乎不承担什么风险。我们每个月会获得固定的利息，到期后能收回我们的本金。但你想，我们啥也不用干，就让钱在银行生钱，还保证不会有亏损，通过这样低风险的方式获得的报酬是相当低的。但是如果我们把钱用来买某个公司的股票，当公司经营得好，赚了很多钱时，我们就有可能得到比银行利息高得多的报酬。这就是很多人把闲钱用来买股票的原因。”

“如果买股票可以挣到更多的钱，那大家就完全不用把钱存在银行了。”力欧说道。

“但是你想想，买股票有什么风险？”爸爸问。

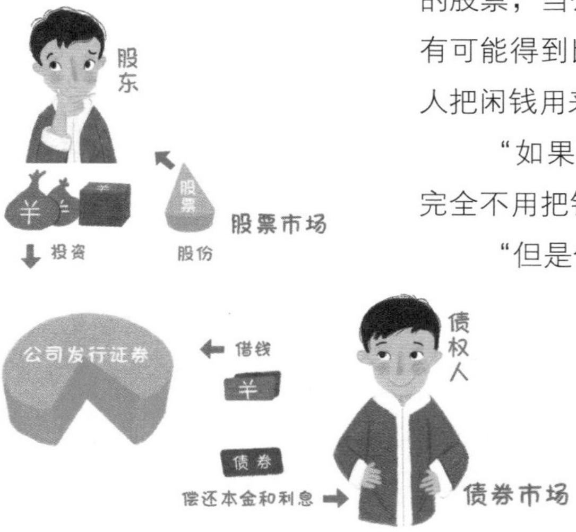

“哦，我知道了！股东也有可能亏钱！如果公司经营得不好，甚至倒闭了，股东的钱就没了。”力欧好像能理解股灾这个词了，“但是，股东是怎么得到或者损失钱的呢？”

“我们来试试把它分解成四个问题。第一，股票是如何发行、交易的？” 妈妈找来一张纸，边画边说，“股票市场有两级：一级市场就是公司把新发行的股票直接卖给投资者；二级市场就是投资者在股票交易所中买卖已发行的股票。也就是说，一级市场让公司募集到发展所需的资金，而二级市场让投资者可以通过买卖股票，非常容易地获得或者放弃对一家公司的所有权。”

“第二个问题就是股票的价格如何确定。”妈妈继续说，“在一级市场中，公司股票的价格是根据该公司未来的赚钱能力决定的，这需要专业人士运用复杂的公式来计算。越能赚钱的公司，股票的估值就越高。当股票进入二级市场后，股票的价格就是由供给和需求决定了。供大于求的时候，价格就会下跌；供不应求

的时候，价格会上涨。所以股票进入二级市场后，价格会不断波动。当市场开放的时候，几乎每秒的价格都有所不同。”妈妈说。

“那什么会影响供给和需求呢？”力欧问。

“主要是人们对公司未来盈利能力的预期。”妈妈解释道，“一个最直接的因素就是公司每个季度或者每个年度的利润水平。如果公司这个季度挣得多，它的股票价格很可能上涨。而如果这个季度有亏损，那它的股票价格就很有可能下跌。

“除了盈利能力，还有别的因素会影响股票价格，比如政府出台的新政策，一项新技术的发明。甚至有些看似不相关的事件也有可能对股票价格产生影响，比如一个地区闹旱灾导致庄稼收成不好，而这当中某种庄稼是一种食品的原材料，于是投资者预计这种原材料的价格会上升，导致生产这种食品的成本上升，公司利润下降，于是这个公司的股票价格可能下跌。还有一些宏观经济的影响，比如利率调整、汇率变化、经济危机等，可能会导致所有股票不同程度地下跌或上涨。”

“这也太复杂了吧！从股票到旱灾，从微观

公司倒闭 股东亏损

公司盈利 股东盈利

到宏观，这得知道多少东西才能明白里面的关系呀！这价格太难估计了！”力欧不禁感慨。

“这下你知道我和爸爸的工作难度了吧！”妈妈双臂交叉在胸前，得意地咧嘴笑了。

“现在我们来看第三个问题：投资者如何赚钱或亏钱？当我们购买某个公司的股票成为股东后，如果这个公司经营得很好，那他们可以把一部分利润分配给股东，这叫作分红，这是获利方式的一种。另外一种方式就是通过股票交易。当股票价格发生波动时，如果你的卖价高于买价，你就赚钱；反过来就亏钱。”妈妈解释道。

“那谁会愿意在低价的时候卖呀？大家都等到价格上升后再卖好了。”力欧说。

“这就说到最后一个问题：投资者为什么要买卖股票？”妈妈说。

“赚钱呀！”力欧脱口而出。

“没错，都想赚钱，但是动机的不同就会导致投资方法的不一样。”妈妈又画了一幅图。

“一类投资者是因为看好公司未来的发展前景和管理者经营的能力而买股票，他们通过大量的调研和分析，觉得这家公司很有潜力，所以希望长期持有该公司的股票，通过获得分红以及股票长期的上涨来分享公司的盈利。

“另一类投资者希望通过股票在市场中的短期价格波动来投机，想很快赚到很多钱，所以往往并不关注公司的长期运营，而是冒很大的风险去买卖价格波动较大的股票。有的人为了迅速致富，把所有的积蓄都拿去买股票，还有的人甚至借钱去买股票。而当股价突然大幅下跌时，这些人就惨了。他们如果不卖股票的话，生活所需的钱就被套在了股市里，也害怕股价会继续下跌；借给他们钱买股票的人也会因为害怕他们无法还钱而逼他们卖掉股票，从而防止更大的亏损。这就是这些天发生在股市的事情，很多人把多年的积蓄都亏光了！”妈妈说完，叹了口气。

“好吓人啊！”力欧觉得股市中充满了惊心动魄，正如爸爸上次说的，一不小心可能会掉入万丈深渊。“那还是应该离股市远一点好。”力欧想到自己躺在银行里的压岁钱，感到十分安心。

“小伙子，不要紧张。”爸爸拍拍力欧的肩膀说，“货币、银行、证券、市场都是使资源的流通和分配更加有效的工具，但它们是把双刃剑。当你不了解它们是如何运作的时候，或者当你被心里的欲望和恐惧冲昏了头脑的时候，这些东西会把你的生活搅得一团糟。但是当你懂得如何驾驭它们，你就能为自己及别人创造财富。选择权在你自己手里。”

价格
高价卖出
低价买入
时间
1
股东分红
2
股票交易
股票
公司获利
投资者如何赚钱？
公司企业
利润

证券市
知识点：证券
知识点：股票交易
1.发行/交易
一级市场
二级市场
投资者
卖给
公司
股票
发行
募集资金
交易所
交易地
股票
买
卖
投资者
2.价格确定
一级市场
二级市场
专业人士
计算
评估
未来
赚钱能力
高
低
估值↓
估值↑
评估
要求
供给
供大于求
供不应求
价格↓
价格↑
波动
影响因素
其他
3.赚钱/亏钱
4.方法和技巧
原因
盈利能力
动机
决定
投资方式
发行
公司
购买
所有权
持有者
承诺
凭证
种类
债券
借钱
给
企业
成为
债权人
企业
按
债权条例
偿还
本金
利息
股票
投资
企业
成为
股东
拥有
部分
所有权
优势
银行
风险
固定利息
股票
报酬
经营
报酬
风险
高
凭证
纸质
电子
市场交易
分
股市
债券市场

思维导图

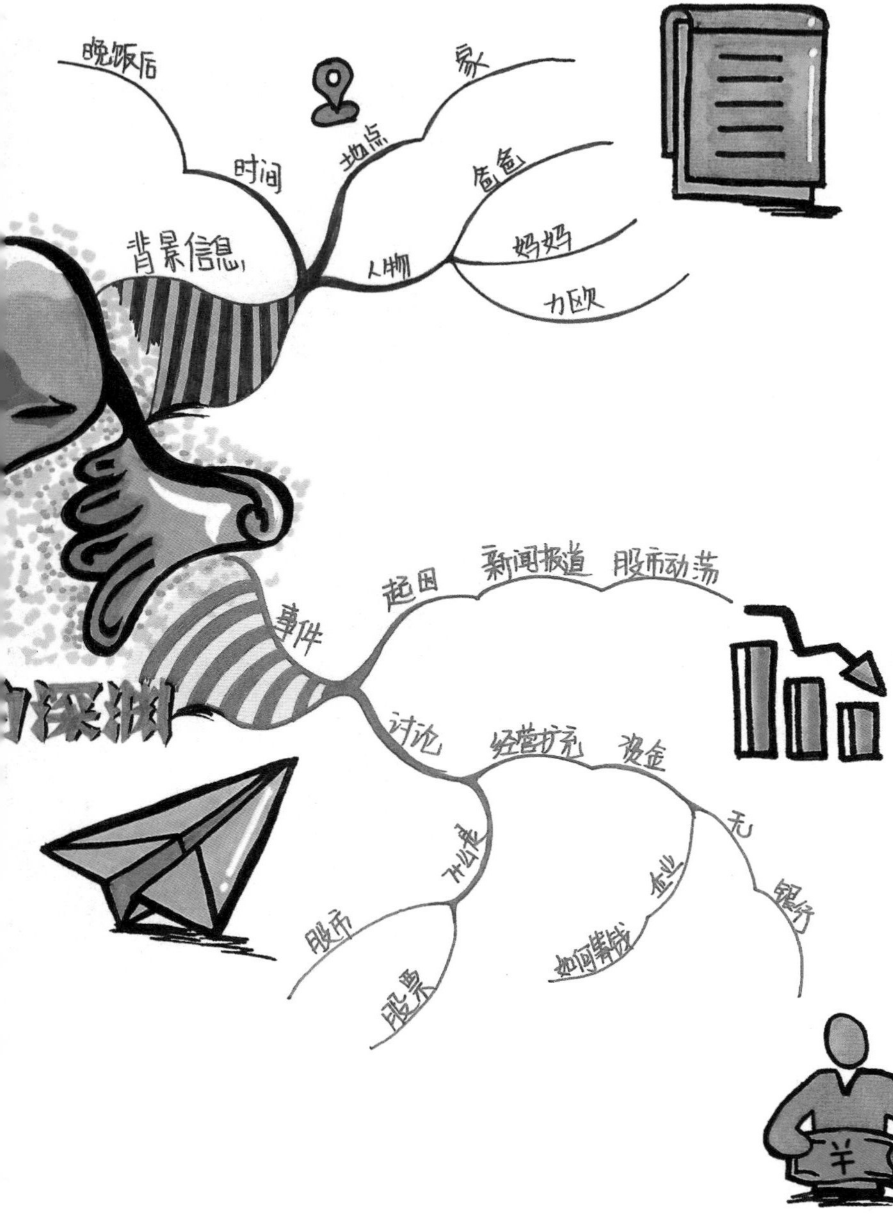

深渊
背景信息
时间
晚饭后
地点
家
人物
爸爸
妈妈
力欧
事件
起因
新闻报道
股市动荡
讨论
经营扩充
资金
无
银行
企业
如何筹钱
什么样
股市
股票
￥

转眼间，春节快要来了，学校也放寒假了。力欧和爸爸、妈妈还有奶奶一起去逛庙会、筹办年货，热热闹闹迎新年！

力欧穿梭在琳琅满目的商铺之间，开心、兴奋的同时，他觉得自己看到了很多以前没有注意到的东西：他看到了为什么同样卖臭豆腐的两个摊子，一个门庭若市，一个无人问津；他看到了为什么庙会上的有些东西比平时商场里卖得贵，可大家还是高高兴兴地买买买；他也看到了为什么一个小妹妹因为手里的冰糖葫芦掉在地上后放声大哭，而她的爸爸却觉得她大惊小怪……

这个世界远没有看到的那么简单，力欧的脑袋里还有好多好多问题没有解决。但他隐隐约约觉得，也许是因为过去这半年“钻在钱眼儿里”的思考，他越来越明白自己喜欢什么、想要什么了，这让他感到特别的踏实。

福

亏钱
卖价<买价
卖价>买价
赚钱
分红
股票
债券
证券
存款总额=初始本金×(1+利率)利率结算期数
AB存款法
公式
存款
实例
利息
共同承担
借贷
时间周期内
利息
复利
雪球效应
"滚雪球"的复利
11
比例
按
投入比例
投资比例
亏损
投资者
利润分配
股份
经营者
角色1
投资者
角色2
投资者
投资者的"饼"
10
借款利率
贷款利率
利率
贷款总额×贷款利率－借款总额×借款利率
公式
利润
知识点
银行是怎么赚钱的?
9
公式
利息
本金×利率
储户
借
银行
客户
贷
8
东西怎么全都变贵了?
货币数量↑
需求↑
市场膨胀
通货膨胀
购买力
商品
购买
收入
服务
能力
市场里到底有多少钱?7
货币数量不变
货币流通
钱
交易量
流通次数
越大
MV=PQ
货币数量 M
周转次数 V
P
平均价格水平
Q
交易数量
写给孩子

思维导图

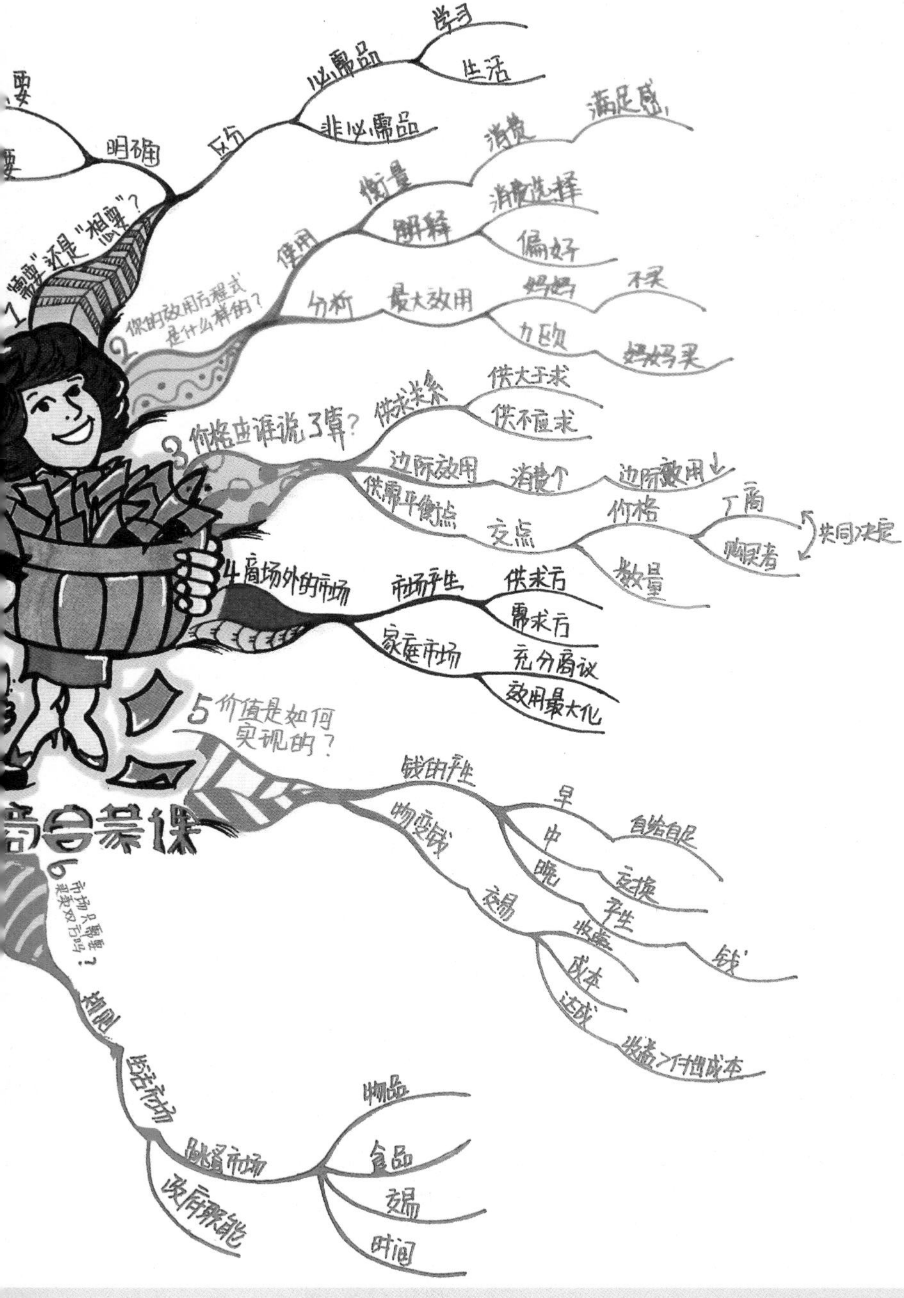
1 "需要"还是"想要"？
明确
区分
必需品
学习
生活
非必需品
2 你的效用方程式是什么样的？
使用
衡量
消费
满足感
解释
消费选择
偏好
分析
最大效用
妈妈
不买
力欧
妈妈买
3 价格由谁说了算？
供求关系
供大于求
供不应求
边际效用
消费个
边际效用↓
供需平衡点
交点
价格
厂商
购买者
共同决定
数量
4 商场外的市场
市场产生
供求方
需求方
家庭市场
充分商议
效用最大化
5 价值是如何实现的？
钱的产生
物变钱
早
中
晚
自给自足
交换
产生
钱
交易
收益
成本
达成
收益>付出成本
6 市场只需要买卖双方吗？
协调
经济市场
融资市场
物品
食品
时间

秦　华

北京大学光华管理学院学士，美国南卡罗来纳大学国际工商管理学硕士，在美国著名金融机构房地美以及世界银行集团供职十余年，分别担任新产品开发运作风险总监、财务官及全球房屋金融顾问，之后转行成为一名职业及人生教练，通过文章、课程以及教练辅导启发、帮助了成千上万人认知自己、创造理想职业。

秦华少年时曾梦想成为一名记者，虽未圆梦，但初次执导的一部纪录短片便在华盛顿独立电影节获奖；从小对写作十分向往，最大的梦想是成为一位受小读者喜欢的童书作者。

作为一名有多年金融从业背景的妈妈、一名帮助过许多人做出职业及人生选择的教练，她希望能通过故事让孩子们去理解每天发生在生活中的经济学，更重要的是，引导孩子懂得如何在资源有限的条件下作出选择，收获内心的满足和幸福。

秦华和丈夫、两个孩子现居美国。她的孩子希望看到妈妈写的书出现在图书馆的书架上。这是她出版的第一本童书。